U0292967

高等学校电子信息系列

模拟电子技术设计与实践教程

主　编　于　蕾
副主编　谢　红
参　编　朱海峰　赵　娜
　　　　黄湘松　肖易寒
主　审　阳昌汉

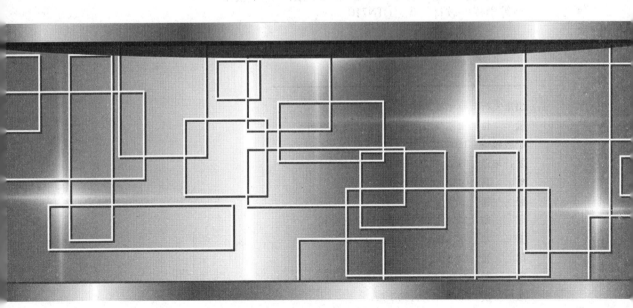

HEUP　哈尔滨工程大学出版社

内 容 简 介

本书是为了适应模拟电子技术的飞速发展,满足当前教学改革的需要,根据哈尔滨工程大学新版教学大纲的要求,结合多年的教学改革成果和教学经验编写而成的。本书共分 4 章,包括电子技术实验基础知识,三极管基础设计型实验,集成运算放大器设计型实验和功率模块设计型实验等内容。附录部分包括基础电子元器件参考资料,面包板和实验仪器介绍,供学生在实验过程中参考。

本书与理论教学紧密结合,在介绍了模拟电子技术主要知识的同时,列举了较多的基础设计型实验实例,易于学习掌握,使学生更快地提高设计能力。本书在强调基础实验的同时,更注重培养学生系统设计的总体观念。设计选题分级多样化,适合不同程度的学生学习,拓展了独立思考、自主学习、自主研究和创新的空间。

本书可作为通信工程、电子信息工程等电类专业的本科生、专科生的电子技术和电子线路课程的实验教材以及电子大赛、课程设计的参考书,也可供工程技术人员参考。

图书在版编目(CIP)数据

模拟电子技术设计与实践教程/于蕾主编. —哈尔滨:哈尔滨工程大学出版社,2014.3(2018.1 重印)
  ISBN 978 - 7 - 5661 - 0776 - 3

  Ⅰ.①模… Ⅱ.①于… Ⅲ.模拟电路 - 电子技术—高等学校—教材 Ⅳ.①TN710

  中国版本图书馆 CIP 数据核字(2014)第 049857 号

出版发行 哈尔滨工程大学出版社
社   址 哈尔滨市南岗区南通大街 145 号
邮政编码 150001
发行电话 0451 - 82519328
传   真 0451 - 82519699
经   销 新华书店
印   刷 黑龙江龙江传媒有限责任公司
开   本 787mm×1 092mm 1/16
印   张 12.5
字   数 312 千字
版   次 2014 年 3 月第 1 版
印   次 2018 年 1 月第 4 次印刷
定   价 23.00 元
http://www.hrbeupress.com
E-mail:heupress@ hrbeu.edu.cn

编审委员会成员名单

再 版 说 明

《国家中长期教育改革和发展规划纲要(2010—2020 年)》明确提出"提高质量是高等教育发展的核心任务"。要认真贯彻落实教育发展规划纲要,高等学校应根据自身的定位,在培养高素质人才和提高质量上进行教学研究与改革。目前,高等学校的课程改革和建设的总体目标是以适应人才培养的需要,培养专业基础扎实、知识面宽、工程实践能力强、具有创新意识和创新能力的综合型科技人才,实现人才培养过程的总体优化。

哈尔滨工程大学电工电子教学团队将紧紧围绕国家中长期教育改革和发展规划纲要以及我校办高水平研究型大学的中远期目标,依托"信息与通信工程"国家一级学科博士点、"国家电工电子教学基地"、"国家电工电子实验教学示范中心"以及"NC 网络与通信实践平台",通过国家级教学团队的建设,明确了电子电气信息类专业的基础课程的改革和建设的总体目标是培养专业基础扎实、知识面宽、工程实践能力强、具有创新意识和创新能力的综合型科技人才。在课程教学体系和内容上保持自己特色的同时,逐步强调学生的主体性地位、注重工程应用背景、面向未来,紧跟最新技术的发展。通过不断深化教学内容和教学方法的改革,充分开发教学资源,促进教学研讨和经验交流,形成了理论教学、实验教学和课外科技创新实践相融合的教学模式。同时完成了课程的配套教材和实验装置的创新研制。

本系列教材包括电工基础、模拟电子技术、数字电子技术和高频电子线路等课程的理论教材和实验教材。本系列教材的特点是:

(1)本系列教材是根据教育部高等学校电子电气基础课程教学指导分委员会在 2010 年最新制定的"电子电气基础课程教学基本要求",并考虑到科学技术的飞速发展及新器件、新技术、新方法不断更新的实际情况,结合多年的教学实践,并参考了国内外有关教材,在原有自编教材的基础上改编而成。既注重科学性、学术性,也重视可读性,力求深入浅出,便于学生自学。

(2)实验教材的内容是经过教师多年的教学改革研究形成的,强调设计型、研究型和综合应用型,并增加了 SPICE 分析设计电子电路以及 EDA 工具软件使用的内容。

(3)与实验教材配套的实验装置是由教师综合十多年的实验实践的利弊,经过反复研究与实践而研制完成。实验装置既含基础内容,也含系统内容;既有基础实验,也有设计性和综合性实验;既有动手自制能力培训,也有测试方法设计与技术指标测试实践。能使学生的实践、思维与创新得到充分发挥。

(4)本系列教材体现了理论与实践相结合的教学理念,强调工程应用能力的培训,加强学生的设计能力和系统论证能力的培训。

本书自出版及修订再版以后,受到了广大读者的欢迎,许多兄弟院校选用本书作教材,有些读者和同仁来信,提出了一些宝贵的意见和建议。为了适应教学改革与发展的需要,经与作者商量,并结合近年的科研教学的经验和成果,以及电子技术的最新发展,决定第三次修订再版,以谢广大读者的信任。

哈尔滨工程大学出版社

2013 年 1 月

前　言

　　本书是为了适应模拟电子技术的飞速发展,满足当前教学改革的需要,根据哈尔滨工程大学新版教学大纲的要求,结合多年的教学改革成果和教学经验编写而成的。本书共分4章,包括电子技术实验基础知识、三极管基础设计型实验、集成运算放大器设计型实验和功率模块设计型实验等内容。附录部分包括基础电子元器件参考资料,面包板和实验仪器介绍,供学生在实验过程中参考。本书可作为通信工程、电子信息工程等电类专业的本科生、专科生的电子技术和电子线路课程的实验教材以及电子大赛、课程设计的参考书,也可供工程技术人员参考。

　　在多年的教学过程中,模拟电子技术实验教材也经过了各种演变。最开始的实验讲义提供给学生详细的实验步骤,学生不需要多动脑子,便可完成实验,在一定程度上遏制了广大学生的创造性和个性的发展。因此本书与理论教学紧密结合,定位在基础实验教学,培养学生基础的实验操作技能,强调测试手段、方法,锻炼解决故障的能力,强化对学生的动手能力的培养,培养学生基本的科研素养。

　　同时,更注重培养学生系统设计的总体观念。完整系统的电子电路实验步骤按照下面顺序开展:项目分析,设计实验方案,选择器件,电路设计仿真,搭建电路,调试系统,测量数据,故障排查,撰写实验报告。本书正是按照这样的顺序来编写的。在每个实验模块中,先给学生一个通常的范例,论证设计方案的合理性,详细地阐述了这类范例的设计过程、器件的选择方法和相关注意事项,然后对所设计的电路进行仿真,证明设计的合理性和正确性。这样才能提供给学生一个正确系统的设计思路,学生在以后的设计中也要按照这个思路进行科学的学习和实践。在实验中,Multisim 软件由于其应用的广泛性和使用的便利性,被作为主要的仿真工具用在电路的设计中,每一个实验范例都经过了最终的仿真调试。

　　本书在编写的过程中,对于每个实验模块都提供了不同难易程度的多个设计选题,书中分为基本实验和扩展实验,实验选题由浅入深,难度逐渐增加,学生可以根据自己的实际情况进行选择,拓展了学生独立思考、自主学习、自主研究和创新的空间。

　　本书在编写时,强调了实验预习的作用,也就是要求学生把更多的精力放在实验准备上面。实验准备是保证实验能否顺利进行的必要步骤。每次实验前都应先进行预习,从而提高实验质量和效率,避免在实验时不知如何下手,浪费时间,完不成实验,甚至损坏实验装置。本书将一些实验中可能出现的现象和问题作为预习思考题放在实验操作之前,要求学生熟悉实验仪器,完成设计任务和仿真过程,认真思考实验中可能出现的各种故障或者现象的原因,最后完成预习报告,特别强调结合理论知识,解决实验中出现的问题和故障。

　　本书注重工程应用,并没有泛泛介绍一些理论知识,而是将工程中常用到的一些基本概念和器件的基本特性引入实验,将其全方位地融合在实验内容中。例如,宽带放大、低噪声放大、如何兼顾带宽与增益、多级放大器电源退耦滤波电路、典型芯片及应用等。结合历年全国电子大赛和各省电子大赛的题目,设计了许多新颖的实验项目,例如,前置放大器、宽带放大器、音频多级滤波器和 D 类功放等内容,大大丰富了实验教学,同时为学生创新能力的培养提供了有力的帮助。

本书共分 4 章,4 个附录。其中第 1 章由于蕾编写,第 2 章由朱海峰编写,第 3 章由肖易寒和赵娜编写,第 4 章由黄湘松编写,附录由谢红编写。于蕾负责教材的总体框架结构和实验内容的审定和统稿。本书在编写过程中,参考了部分本校和兄弟院校的教材内容,在基础知识和概述的编写及整理时参考了部分网络上的说明,在此表示衷心的感谢。

本书由阳昌汉教授担任主审,在编写过程中阳昌汉教授给予了极大的关心和支持,并提出了许多宝贵的意见和建议,在此表示诚挚的谢意。

由于水平和时间有限,书中必有不妥之处,望广大读者批评指正。

编　者

2013 年 12 月

目　　录

第1章

模拟电子技术实验方法及基础知识

1.1 概　述

在电子技术日益迅猛发展的今天,对当代大学生在电子线路实验创新精神和创新能力方面提出了更高的要求。实验作为一种更好地掌握理论知识,进一步将理论应用于实际的手段,占据着极为重要的地位。开设模拟电子技术实验课程的目的,就是培养学生的实验技能。

在实验过程中,既能验证理论的正确性和实用性,又能从中发现理论的近似性和局限性,还可以发现新问题,产生新设想。电子线路实验既促使模拟电子技术和应用技术的进一步发展,又培养了学生的创新意识和创新能力。

通过模拟电子技术实验可以巩固和加深电子技术的基础理论和基本概念,学生会接受必要的基本实验技能的训练,学会识别和选择所需的元器件,设计、安装和调试实验电路,分析实验结果,从而提高实际动手能力以及分析问题和解决问题的能力。

1.2 模拟电子技术实验的主要内容与基本要求

1.2.1 电子技术实验的主要内容

一般来说,电子技术实验按照其性质和教学目的可分为基础型实验、设计型实验和研究型实验三大类。这三类实验各有不同的教学目的和侧重点。

基础型实验的重点是培养学生观察和分析实验现象,掌握基本实验方法,培养基本实验技能,为以后进行更复杂的实验打下基础。这类实验往往具有训练和验证的性质,所以实验题目一般比较简单,内容多是基础型和单元型的。

设计型实验是在基础型实验的基础上进行的综合性实验训练,其重点是电路设计。实验内容侧重综合应用所学知识,设计制作较为复杂的功能电路。设计型实验一般是给出实验任务和设计要求,学生通过电路设计、电路安装调试和指标测试、撰写报告等过程,提高电路设计水平和实验技能,培养学生综合运用所学知识解决实际问题的能力。

研究型实验是具有研究性和探索性的大型实验,重点是培养学生的探索创新精神和研究能力。因此,研究型实验不但要重视研究的结果,还要重视研究的过程、研究的方法和探索精神的培养。这种实验强调系统性、交融性及研究性,强调学生的自主研究与创新,培养学生的研究性思维和习惯。

随着电子设计自动化程度的迅速提高和集成电路技术与工艺的迅速进步,电子系统已进入片上系统的阶段。使用计算机辅助分析和设计工具来分析与设计电路,已经成为电类本科生必须掌握的知识和必备的基本能力。所以培养学生使用工具的习惯和能力是模拟电子技术实验课程的另一项重要任务。

1.2.2　模拟电子技术实验的基本要求

通过模拟电子技术实验教学,学生应该达到如下基本要求:

①掌握模拟电路的基本测量技术与方法;

②了解常用电子仪器的基本原理,正确选择与使用常用电子仪器完成测试任务;

③能够正确识别、选择和应用常用电子元器件;

④熟悉一般模拟电路的设计、安装、调试的过程与方法;

⑤掌握几种常用的计算机辅助分析与设计工具,培养使用工具进行模拟电路分析与审题的习惯和能力;

⑥能够设计、制作小型模拟电路系统;

⑦能够撰写内容翔实、文理通顺、表达正确的实验总结报告。

1.3　模拟电子技术实验一般步骤

1.3.1　模拟电子技术实验的主要步骤

模拟电子技术实验一般包括以下几个步骤。

第一步,拿到实验任务以后,首先要进行理论准备、理论设计。先画出整个系统的框图,这就要求查阅相关的资料,选出实现任务要求的最佳设计方案,然后把系统划分为若干个单元电路,将技术指标和功能分配给各个单元电路。有了各个单元电路,就可以进行各个单元电路的设计,然后再把各单元电路联系起来,组成一个系统。

在理论准备阶段,可以利用仿真软件进行系统仿真。现在常用的系统仿真软件有Multisim、OrCAD等。对于比较简单的电路,在电路仿真的基础上,反复调整参数直至达到任务要求为止。但对于一个复杂的系统,电路设计就不是一个简单的、一次就能完成的过程,而是一个逐步试探的过程。所以,仿真软件能够缩短电路设计的进程,但决不能代替硬件实验,它只是理论设计的一种延伸。

第二步,正确选择元器件。首先应该对元器件的功能、性能、特性参数等有所了解,所选元器件的精度、速度必须满足设计要求。

例如,做一个运算放大器(简称运放)实验,要求电路闭环带宽达到 8 MHz。如果选择单运放 μA741,就达不到指标要求,因为它的闭环带宽只能达到 1 MHz。改为选用单运放

LM318,它的闭环带宽可以达到 15 MHz 左右,符合题目要求。

在前两步完成后按要求写出预习报告。

第三步,在理论准备充分的前提下,进行硬件实验。

应正确搭接实验线路。可以用面包板插接实验线路,也可以将元器件焊接在万用板上进行调试。比较简单的电路可以使用面包板;复杂电路可以采用制作 PCB,然后在 PCB 上进行焊接、调试的方法。面包板的结构可以参考附录 C 的介绍。

进行电路调试和测量。模拟电子线路实验中静态测试是必需的,在静态满足的情况下开展动态测试。根据具体的实验任务要求完成不同技术指标的测试。在测量的同时,记录真实数据。

第四步,撰写实验报告。在系统调试测量结束后,应撰写一份实验报告,这是一名合格的电子工程师应该具备的基本的文字表述能力。

1.3.2　实验报告格式

一份标准的实验报告应包括以下主要内容。

①实验名称。

②实验选题。

③设计过程:包括设计方案的论证,电路的选定,器件的选择,元件数值的计算选定,指标的校验。

④电路仿真:包括仿真的电路图,得到的仿真数据、波形图等。

⑤硬件电路实验内容和主要步骤。

⑥实验数据处理。

⑦实验总结:包括误差产生的主要原因,实验过程的故障分析和故障排除过程,本次实验的心得体会和意见。

1.4　模拟电子技术实验方法和相关注意事项

1.4.1　基本实验方法

在做模拟电子技术实验时,有一定的实验方法、实验规则可循,如果盲目地进行实验,不但会浪费时间,而且还可能损坏实验器材。请遵守以下实验规则。

1. 合理布线

首先应正确合理布线。布线的原则以直观、便于检查为宜。例如,电源的正极、负极和地可以采用不同颜色的导线加以区分。一般来说,在实验中电源正极用红色,负极用蓝色,地用黑色,这样便于分清,避免接错线,造成电源正负极短路的严重后果。低频接地时,尽量用短的导线,防止电路产生高频自激振荡。

2. 认真检查实验线路

在连接完实验线路后,不急于加电,要认真检查,检查的内容主要包括以下几项。

（1）连线是否正确

检查有没有接错的导线，有没有多接导线，或者少接导线。检查的方法是对照电路图，按照一定的顺序逐一进行检查。

（2）连接的导线是否接通

使用万用表，对照电路图，一个一个点地检查，例如，应该连接的点是否都是通的，电阻或文件是否被无意间短路等人为故障。

（3）检查电源及信号源

检查电源的正、负极连线和地线是否正确，电源到地之间是否存在短路，信号源的信号输入端和公共接地线是否正确等。如果电源和信号源存在由接线引起的短路，若不能认真检查，及时更正，而急于通电，常常会造成电源、信号源、其他测试设备和元件的损坏，一定要重点对待。

（4）检查元件

重点检查二极管、晶体管、集成器件、电解电容等元件的外引线与极性是否接错，元件的外引线和元件之间是否有短路。

3. 通电调试

检查完实验线路后，才能通电，进入调试阶段。在调试前，应先观察电路是否有异常现象，例如：有无冒烟，有无异常气味，有无声响，电源指示是否正常，用手摸元器件表面是否发烫，电路有无短路现象等。如有任何异常现象，立即切断电源，与指导教师联系，排除故障后，重新通电。

调试时可以采用先分调后总调的方式。任何复杂电路都是由一些单元电路组成的，分调是按信号流程或者功能模块，逐级调整各单元电路，使其满足实验要求或设计要求。而总调是在分步完成各单元电路调试的基础上，逐步扩大调试范围，最终实现对总体电路进行调试。

调试时应注意先静态调试后动态调试。静态调试是指在输入信号为零的情况下，进行直流调试或调整，例如测试三极管放大电路的直流工作点。静态调试完成后，可进行动态调试。动态调试时，在电路中输入适当频率和幅度的信号，按信号的流向逐级检测各有关点的参数、波形、性能指标是否满足实验要求或设计要求。

在比较复杂的系统性实验调试中，应该接一级电路，调一级电路，正确后，再将上一级电路的输出接入下一级电路的输入，接着调试下一级电路，直到总电路全部完成。

电路的调试是以达到电路实验目的为目标而进行的一系列测量、调整、再测量、再调整的反复实验过程。

1.4.2　电路调试中应注意的问题

测量结果的正确与否直接受测量方法和测量精度的影响，因此，要得到正确的测量结果，应该选择正确的测量方法，提高测量精度，为此，在电路调试中应该注意以下几点。

1. 正确使用仪器的接地端

如果接地端连接不正确，或者接触不良，直接影响测量精度，甚至会影响到测量结果的正确与否。在实验中，直流稳压电源的地即是电路的地端，所以直流稳压电源的"地"一般要与实验板的"地"接起来。

稳压电源的"地"与机壳连接起来,这样就形成了一个完整的屏蔽系统,减少了外界信号的干扰,这就是常说的"共地"。示波器的"地"应该和电路的"地"连在一起,否则看到的信号是"虚地"的,是不稳定的。函数信号发生器的"地"也应该和电路的"地"连接在一起,否则会导致输出的信号不正确。特别是毫伏表的"地",如果悬空,就得不到正确的结果。如果地端接触不良,就会影响测量精度。

正确的接法是,毫伏表的"地"应尽量直接接在电路的地端,而不要用导线连至电路接地端,以减少测量误差。高频实验中的一些仪器,例如扫频仪,也应该和电路"共地"。另外,在模拟、数字混合的电路中,数字"地"与模拟"地"应该分开连接,220 V 电路部分的公共地使用隔离变压器,以免引起互相干扰。

2. 电源去耦电路

在模拟电子技术实验中,往往会由于引线电阻、电源和信号源的内阻,使电路产生自激振荡,也称为寄生振荡。消除引线电阻的方法是改变布线方式,尽量使用比较短的导线。对于电源内阻引起的寄生振荡,消除的方法是采用 RC 去耦电路,如图 1–1(a)所示,R_1 一般应选 100 Ω 左右的电阻,不能过大,以免电阻分压引起电路电源电压下降过多,或形成超低频振荡。在数字电路中,在电源端常常加电容器滤波,用以消除纹波干扰和外界信号的干扰。

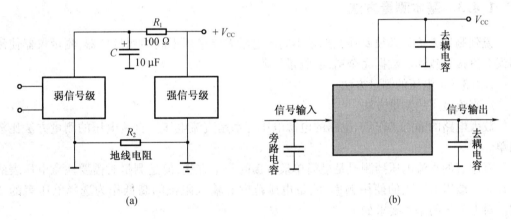

图 1–1　去耦电路图

(a)RC 去耦电路;(b)常用去耦电路

3. 测量仪器的正确使用

在测量过程中,测量电压所用仪器的输入阻抗必须大于被测处的等效阻抗。这是因为,如果测量仪器的输入阻抗小,在测量时会引起分流,从而引起很大的测量误差。例如,在如图 1–2 所示的场效应管放大器实验中,就不能直接用万用表测量场效应管的 U_{GSQ}。因为场效应管输入阻抗很高,用一个内阻与它接近的万用表去测 U_{GSQ},势必会造成很大的测量误差。正确的测量方法是,分别测出 G 端与 S 端到地的电压 U_G 和 U_S,然后两者相减,即 $U_{GSQ} = U_G - U_S$。

测量仪器的带宽必须大于被测电路的带宽。例如 MF–500 型万用表的工作频率为 20 ~ 2 000 Hz,如果放大器的 $f_H = 100$ kHz,就不能用万用表测放大器的幅频特性,而要用毫伏表测电路的输入、输出信号电压,继而得到幅频特性曲线。

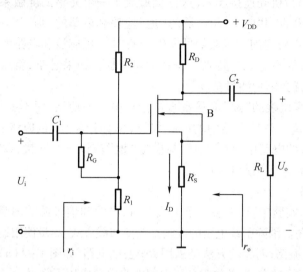

图 1-2　场效应管放大电路图

1.4.3　基本测量方法

说到测量方法就必须要强调测量不同的电量需要采用不同的测量仪器,测量仪器使用错误会直接导致测试数据完全错误,测量失败。

1.4.3.1　电压的测量方法

1. 直流电压的测量方法

放大电路的静态工作点、电路的电源电压等都是直流电压。直流电压的测量方法比较简单。

万用表的直流电压挡测量是最简单最直接的测量方法,但是测量时需要注意电压表的选择。一般以电压表的使用频率、测量电压范围和输入阻抗的高低作为选择电压表的依据。对电压表的基本要求如下。

(1)输入阻抗高

测量电压时,电压表并联在被测电路两端,故对被测电路有影响。为了减小测量仪表对被测电路的影响,要求电压表的输入阻抗尽可能高些。

(2)电压表的带宽

各种测量电压的仪器、仪表都有确定的频率限制(频带),超过限制会引起很大的误差,因此要根据被测电压的频率(范围)选择测量仪器、仪表。例如,测量放大电路的直流工作点时可以选用万用表,但是测量放大电路的频率响应时,就不能采用一般的万用表,因为万用表的频率不够宽。

2. 交流电压的测量方法

放大器的输入输出信号一般是交流信号,放大器的一些动态指标如电压增益、输入电阻、输出电阻等也经常用加入正弦电压信号的方法进行间接测量。

(1)用交流毫伏表测量

这是最简单和方便的一种测量交流电压的方法。这类电压表的输入阻抗高,量程范围广,使用频率范围宽。使用模拟交流毫伏表测量时,应根据被测量的大小选择合适的量程,尽量使表头上的指示值超过三分之二,以减小测量误差。

大多数毫伏表测出的是交流电压的有效值。

(2)用示波器测量

用示波器法测量交流电压与交流毫伏表测量相比有如下优点。

①测量各种波形的电压。电压表一般只能测量失真很小的正弦电压,而示波器不但能测量失真很大的正弦电压,还能测量脉冲电压、调幅电压等。

②能测量瞬时电压。电压表一般只能测出周期信号的有效值电压。

③能同时测量直流电压和交流电压。

但是,用示波器测量电压的主要缺点是误差较大,一般达 5% ~ 10%。交流信号的频率不得超过示波器频带宽度的上限。

1.4.3.2　电流的测量方法

测量直流电流通常都采用万用表的电流挡。测量时,电流表串联接入在被测电路中,为了减小对被测电路工作状态的影响,要求电流表的内阻越小越好,否则将产生较大的测量误差。

测量交流电流通常采用电磁式电流表,通常使用电流互感器来扩大交流电流表的量程。

用示波器也可以测量电流的波形。这是在被测电流支路中串入一个小电阻即电流采样电阻,被测电流在该电阻上产生电压,用示波器测量这个电压,便可得到电流的波形。

1.4.3.3　放大电路的输入电阻和输出电阻测量方法

输入电阻是用来衡量放大器对信号源影响的一个性能指标。输入电阻越大,表明放大器从信号源取的电流越小,放大器输入端得到的信号电压也越大,即信号源电压衰减得少。作为测量信号电压的示波器、电压表等仪器的放大电路应当具有较大的输入电阻。对于一般的放大电路来说,输入电阻当然是越大越好。如果想从信号源取得较大的电流,则应该使放大器具有较小的输入电阻。

输出电阻用来衡量放大器在不同负载条件下维持输出信号电压(或电流)恒定能力的强弱,称其为带负载能力。一般来说,输出电阻小带负载能力强,输出电阻大带负载能力差。

1. 输入电阻的测量

当被测电路的输入电阻不太高时,可以采用如图 1 – 3 所示的方法进行测量。在信号发生器与放大器的输入端之间接入已知电阻 R_S,在放大电路正常工作的情况下,用交流毫伏表测出 U_S 和 U_i。可以通过下式计算得到输入电阻

$$R_i = \frac{U_i}{I_i} = \frac{U_i}{\dfrac{U_R}{R_S}} = \frac{U_i}{U_S - U_i} R_S \tag{1 – 1}$$

当被测电路的输入电阻比较高时,如场效应管放大器的输入电阻,由于毫伏表的内阻与放大器的内阻相当,所以用上面的方法测量误差太大。这时可以换一种方式,在 R_S 两端并联一个开关,用毫伏表分别测出开关合上和断开时的输出电压 U_{o1} 和 U_{o2},可由下式计算出输入电阻 R_i 的值。

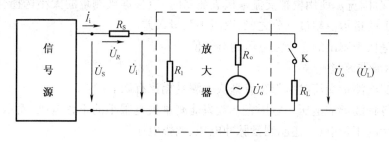

图 1-3 放大电路等效电路图

$$R_i = \frac{U_{o2}}{U_{o1} - U_{o2}} R_S \qquad\qquad (1-2)$$

2. 输出电阻的测量

测量输出电阻的电路原理图如图 1-3 所示。将负载电阻开路,测量电路的开路输出电压 U_o'。然后接入合适的负载电阻 R_L,测量有载输出电压 U_o,即可得到输出电阻,即

$$R_o = \left(\frac{U_o'}{U_o} - 1\right) R_L \qquad\qquad (1-3)$$

类似地,负载电阻 R_L 最好选择与输出电阻 R_o 接近,以减小误差。但是,需要注意,当被测电路的输出电阻 R_o 很小时(如稳压电源、由集成运放组成的运算电路等),就不能采用此方法,负载电阻 R_L 不能选择欧姆级的电阻,否则会使输出电流过大,烧毁元器件。

1.4.3.4 电压增益及频率特性

1. 电压增益的测量

增益是放大电路的重要指标,也称为放大倍数。其定义为输出电压 U_o 与输入电压 U_i 的比值,即 $A_u = \dfrac{U_o}{U_i}$。

分别测量出输出电压和输入电压的大小,两个电源的比值即为放大倍数。有的时候电压增益也用分贝来表示。

必须注意的是,在测量电压增益时,必须要用示波器监测波形,保证波形不失真。

2. 幅频特性的测量

影响放大器幅频特性的主要因素是电路中存在的各种电容特性。

增大或降低信号的频率电压增益均会下降。当电压增益降低到中频电压增益的 0.707 倍,对应的频率分别为上限截止频率和下限截止频率。

测量幅频特性的常用方法有逐点法和扫频法。由于扫频法需要用到专用的扫频仪,在模拟电子电路实验中用的很少,所以本书中只介绍逐点法。

将信号源加至被测电路的输入端,保持输入电压幅度不变,改变信号的频率。用示波器或毫伏表等一起测量电路的输出电压。将所测各频率点的电压增益绘制成曲线,即为被测电路电压增益的幅频特性曲线。注意,将测试结果画于半对数坐标纸上。

测试中,在中频区,曲线平滑的地方可以少测几点,而在曲线变化较大的地方应多测几点。

1.4.4　常见故障类型与原因

在模拟电子技术实验中,不可避免地产生各种各样的故障,在处理故障前,应保持现场,切勿随意拆除或改动电路。应从故障现场出发,进行分析、判断,通过反复检查测试,找出产生故障的原因、性质、定位,并及时排除。常见故障归纳起来有以下几个方面。

1. 仪器设备

(1) 测试设备工作状态不稳定、功能不正常或损坏。

(2) 测试棒、测量线、探头等损坏或接触不良;仪器旋钮由于松动,偏离了正常的位置。

(3) 超出了仪器的正常工作范围,或调错了仪器旋钮的位置。

在上述情况中,测量线损坏或接触不良发生得最多,而仪器工作不稳定或损坏在实验过程中出现的概率要少得多。

2. 器件与连接

(1) 用错了器件或选错了标称值。

(2) 连线出错,器件的正负极性接反等,导致原电路的拓扑结构发生改变。

(3) 连接点的接触不良或损坏,在一个测量系统中接地不统一。

3. 错误操作

当仪器设备正常,电路连接准确无误,而测量结果却与理论值不符或出现了不应有的误差时,往往问题出在错误的操作上。错误的操作一般有如下情况。

(1) 未严格按照操作规程使用仪器。如读取数据前没有先检查零点或零基线是否准确,读数的姿势、表针的位置、量程不正确等。

(2) 片面理解问题,盲目地改变了电路结构,未考虑电路结构的改变会对测量结果造成影响和后果。

(3) 采用不正确的测量方法,选用了不该选用的仪器。

(4) 无根据地盲目操作。

4. 各种干扰引起的故障

所谓干扰是指来自设备或系统外的电磁信号造成电路的工作不正常。干扰的形式很多,常见的有:直流电源滤波不佳,纹波电压幅度过大,各种电磁波通过分布式电容或电感等途径窜扰到电路或测试设备中,接地不当引起的干扰等。

1.4.5　排除故障的一般方法

尽管说在实验中出现错误是常有的,但也不应该轻率地犯错误,如粗心大意接错线、操作不规范、无条理、漫不经心等。故障一旦发生,就需要想办法排除。通过排除故障,同学们可以从中吸取教训、积累经验,同时这也是锻炼分析问题、解决问题的好机会。切不可一出现问题,不分青红皂白地将实验电路拆掉重来。这样做既不利于问题的解决,也不利于能力的提高。当故障发生后应采取如下措施。

1. 掌握故障性质

了解故障性质,是为了确定采用什么样的检查手段和方法来排除故障。从故障造成的后果上看,通常有破坏性和非破坏性两种。

（1）破坏性故障

出现此类故障时经常会有打火、冒烟、发声、发热等现象，会对仪器、电路造成永久性破坏。一旦发现此类故障，应立即关掉实验仪器和被测系统的电源，然后再对其进行检查处理，以免损坏程度进一步扩大。

检查此类故障时，一定要在完全断电的情况下进行。可通过查看、手摸，找出电路损坏的部分或发热器件，进而可仔细检查电路的连接、器件的参数值等。如果仅凭观察不易发现问题，可借助万用表对电路或器件进行检查。通常多采用测量电阻的方法进行，如电路是否短路、开路，某器件的电阻值是否发生了变化，电容、二极管是否被击穿等。此类故障多发生在具有高电压、大电流及含有有源器件的电路中。

当电路出现短路或负载过大（阻值太小或电流太大）时，会对信号源、直流稳压电源造成损坏。因此，当发现电源的输出突然下降到零或比正常值下降很多时，应立即关掉电源进行检查。

（2）非破坏性故障

该类故障只会影响实验结果，改变电路原有的功能，不会对电路或器件造成损坏。此类故障虽然不具有破坏性，但排除这样的故障一般比排除具有破坏性的故障难度更大。因此，除采用上述检查方法外，通常还需加电检查，即对实验电路加上电源和信号，然后通过测量电路的节点电位、支路电流来查找故障。在交流电路中，通常检查的是节点电位或支路电压。检查时，可按照实验电路从信号源输出开始，逐级逐点向后测量直至故障点。

2. 了解故障现象

根据故障的现象，可确定故障的性质，同时可进一步分析故障产生的可能原因。根据不同的原因，可采用相应的措施去排除。如故障现象为测试点处无信号，其原因可能有：该点后面电路短路、前面电路有开路、信号源无输出、信号源输出线开路、测量仪表的输入线断等。再如，考查线性电路中某点电位时，调整信号发生器的输出，毫伏表的读数不跟随变化，这时的原因可能有：信号发生器损坏（幅度电位器失灵）、毫伏表输入线未接地（接触不良或导线损坏）等。根据这些可能的原因，然后逐个排查，最后可找到产生故障的真正原因。

3. 确定故障位置

故障位置的确定即找出故障发生点，采用的方法和手段可多种多样，但总的指导思想应遵循由表及里、由分散到集中、先假设后确定的原则。

要想尽快地找到故障点并加以排除，需要有扎实的理论基础和分析问题的能力，更多的是需要积累丰富的实践经验。实践经验的积累与平时的努力、善于观察、勤于思考、多动手是分不开的。因此，平时要养成良好的习惯，实验时不要轻易放过任何一种现象，并善于发现、观察实验的一些异常，自觉地锻炼独立分析问题和解决问题的能力。不要一出现问题，就请求别人帮助或找指导老师，更不应回避问题。

第 2 章

晶体管基本设计型实验

本章是根据模拟电子技术理论课的教学内容以及实验教学大纲来编写的,希望通过这些基础实验使学生能够掌握模拟电路的基本设计方法和调试方法,巩固所学的理论知识,培养和提高学生的实验技能、设计能力以及灵活运用所学理论知识分析与解决实际问题的能力,为进行复杂的模拟电子系统设计打好基础。

学习本章的目的是培养学生系统的设计观念,每一个实验都给出了设计范例,提供了设计过程,并对设计结果进行了仿真验证。在设计范例的基础上,每个实验都提供了若干难度不同的选题,学生可以选择不同难度的选题完成实验。基本选题按照设计范例的思路即可完成,但是拓展选题需要学生开动脑筋,灵活运用所学知识,甚至需要查阅其他相关资料,方可完成设计。

另外,为了培养学生利用 Multisim 等 EDA 设计工具进行设计实践的能力,对学生进行辅助仿真指导,本书所有的实验范例都给出了设计方法和仿真设计过程,可供学生可以参考。

2.1 基础仪器使用练习实验

2.1.1 实验目的

①通过实验掌握万用表测量直流电压、电流,交流电压、电流,电阻,电容等的方法,用万用表判别二极管的管脚及识别管子是否损坏的方法。

②通过实验,掌握直流稳压电源、交流毫伏表、信号源的使用方法。

③通过实验,进一步掌握示波器的使用方法,特别是数字式存储示波器的使用方法。

2.1.2 实验仪器

(1)模拟万用表、数字万用表

(2)双路直流稳压电源

(3)交流毫伏表

（4）函数发生器

（5）模拟式示波器或数字式存储示波器

2.1.3　实验原理

在电子电路测试和实验中,常用的电子仪器有交流毫伏表、低频信号发生器、双踪示波器、直流稳压电源以及其他仪器,它们与被测（实验）电路的关系如图 2 – 1 所示。

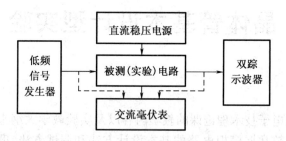

图 2 – 1　常用电子仪器接线示意图

1. 直流稳压电源

为电路提供直流工作电源。

2. 低频信号发生器

为电路提供输入信号。它可以产生特定频率和特定大小的正弦波、方波和三角波电压信号,作为放大电路的输入信号。

注意:直流稳压电源和信号发生器在使用过程中,仪器输出端不能短路。

3. 交流毫伏表

用于测量正弦信号的有效值。由于模拟交流毫伏表的灵敏度较高,为避免损坏,应在使用前将量程开关打到最大,然后在测量中逐挡减小量程,直到指针指在1/3量程到满量程之间。

4. 双踪示波器

用于观测被测信号的电压波形。它不仅能观测电路的动态过程,还可以测量电压信号的幅度、频率、周期、相位、脉冲宽度、上升和下降时间等参数。

各台仪器的操作方法请参考书后附录。工于善其事,必先利其器。如果不能正确使用仪器,实验是无法达到目的的。

在电子测量中,应特别注意"共地"问题,即各台仪器与被测电路的"地"应可靠地连接在一起。合理的接地是抑制干扰的重要措施之一,否则可能引入外来干扰,导致参数不稳定,测量误差增大。

2.1.4　实验内容

1. 基本实验

（1）万用表使用练习

①电阻的测量

选择电阻挡,按要求进行测量,将测试结果填入表 2 – 1 中。注意:模拟万用表电阻挡使用时必须换欧姆挡调零。

表 2－1　电阻测量数据

被测电阻	1 kΩ	100 kΩ	51 Ω	5.1 kΩ
测试值				

②二极管的测量

使万用表处于二极管测量状态,按表 2－2 要求进行测量,并将测试结果填入表中。注意数字表和模拟表的区别。

表 2－2　二极管测量数据

万用表笔的接触位置	实测结果
万用表红色表笔接触二极管 1N4007 的阳极,黑色表笔接触它的阴极	
万用表红色表笔接触二极管 1N4007 的阴极,黑色表笔接触它的阳极	
万用表红色表笔接触 6.0 V 稳压二极管的阳极,黑色表笔接触它的阴极	
万用表红色表笔接触 6.0 V 稳压二极管的阴极,黑色表笔接触它的阳极	

③仪器连接线的测量

万用表的两表笔分别接触连接线对应端,进行连接线通断的测量,完成后填入表 2－3。由于仪器连接线使用频率较高,易折断。做实验前,应先进行连接线通断的测量,避免连接线折断造成实验故障。

表 2－3　电缆线测量数据

万用表笔的接触位置	实测结果
万用表测量电缆线信号线	
万用表测量电缆线地线	

(2)直流稳压电源使用练习

①单电源的练习

利用万用表和直流稳压电源,按表 2－4 要求调节输出单路直流电压。同时练习使用万用表对直流电压的测量。

表 2－4　直流稳压电源测量练习

仪器	6 V	15 V
直流稳压电源		
万用表		

②±12 V 双电源连接测量的练习

调节两路直流稳压电源调压钮,调至 12 V。利用万用表分别测试两路直流稳压电源输出端的电源。正确理解图 2－2 所示的 ±12 V 电源和公共端概念。

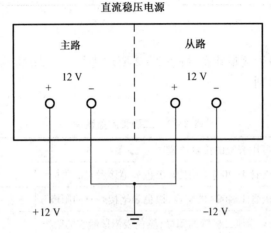

图 2－2　±12 V 电源连接示意图

（3）信号源、示波器、毫伏表联合测试

将信号源的正弦信号同时送示波器和毫伏表测量,并将被测信号数据列入表 2－5 中,回答下面问题。

表 2－5　测试数据

信号源提供的正弦波		用数字示波器测量频率与幅度		用交流毫伏表测量有效值
$f_i = 1$ kHz	$u_i = 100$ mV	$f_o =$	$u_o =$	$U_{orms} =$
$f_i = 50$ kHz	$u_i = 6$ V	$f_o =$	$u_o =$	$U_{orms} =$
$f_i = 1$ kHz	$u_i = 1$ V	$f_o =$	$u_o =$	$U_{orms} =$
$f_i = 1$ kHz	$u_i = 50$ mV	$f_o =$	$u_o =$	$U_{orms} =$

问题 1:数字示波器测量电压时,Vavg、Vrms、Vmax、Vmin 分别代表什么电压值? 这些值分别代表什么物理含义?

问题 2:在测量最后一组电压值时,直接按示波器上"Auto"键,示波器上显示的值是否清晰? 如果不清晰,为什么? 对于这种较小的电压值,如何手动调出合适的波形?

问题 3:在测量完第二组 $f = 50$ kHz 的频率后,将信号发生器的频率改回 1 kHz,示波器上显示的波形是什么形状? 测量的 Vrms 值是多少,为什么? 如何手动调节出恰当的正弦波?

问题 4:综上所述,用示波器观察信号波形时,要达到下面的要求,应分别调整哪些旋钮?

①改变能观察到的波形的个数;

②改变波形的高度;

③改变波形宽度。

（4）双路显示

信号源输出主信号为 2 V,30 kHz 正弦波,同步输出方波,用双踪示波器观察两路信号,调节示波器相关旋钮,使波形稳定显示,并将测试数据列入表 2 - 6 中。

表 2 - 6　测试数据

信号源		示波器	
正弦波	$f_i = 30$ kHz,$u_i = 2$ V	$f_o =$	$u_o =$
方波	$f_i = 30$ kHz,$u_i = 5$ V	$f_o =$	$u_o =$

2. 扩展实验

信号源输出一个含有直流电平的正弦信号,用示波器测量直流电平、振幅及频率,测量完成后填入表 2 - 7。

[提示] 对于模拟示波器,首先将耦合方式置 GND,找到零电平的位置（数字示波器会自动指出零电平的位置）,然后将耦合方式置 DC,显示波形,分别测出 U_{omax},U_{omin},t_1,t_2。

正弦信号的振幅　　　　$$U_{om} = \frac{U_{omax} - U_{omin}}{2}$$

直流电平　　　　$$U = \frac{U_{omax} + U_{omin}}{2}$$

周期　　　　$T = t_1 - t_2$

频率　　　　$f = \dfrac{1}{T}$

表 2 - 7　测试数据

信号源		示波器	
混合波	$f_i = 30$ kHz,$u_i = 2$ V	$f_o =$	$u_o =$

问题:数字示波器上读哪些参数能够直接得到题目要求的指标?

2.2　晶体管单级放大电路设计与调试

2.2.1　实验目的

①掌握放大电路组成的基本原理及其放大条件。

②学会放大电路静态工作点的调整与测量,进一步了解静态工作点对失真及放大电路动态指标的影响。

③学会放大电路电压放大倍数、输入电阻、输出电阻和最大不失真输出电压等各种动

态指标的测量方法。

④掌握共射和共集放大电路的特点和应用场合。

2.2.2 实验原理

2.2.2.1 概述

根据输入信号与输出信号公共端的不同,以晶体管为核心元件的放大电路有三种基本的接法,即共射放大电路、共集放大电路和共基放大电路。

典型的晶体管单级共射放大电路如图 2-3 所示。图 2-3(a)所示共射放大电路引入电流负反馈,使电路工作点较为稳定,应用比较广泛;图 2-3(b)所示电路是射极带 R_F 的工作点稳定电路,不但电路工作点稳定,而且输入电阻也较高,但放大能力不强。在图 2-3(a)所示电路中,晶体管 T(本实验所用型号为 C9013)是电路中的电流放大元件,利用它的电流放大作用,可在集电极获得受输入信号控制的放大电流;集电极电阻 R_c 是将电流变化转化为电压变化的元件,从而实现电压放大;R_w、R_{b1} 和 R_{b2} 组成分压偏置电路,并在发射极中接有电阻 R_e,以稳定放大电路的静态工作点;耦合电容 C_1、C_2 的作用是隔直流通交流,而旁路电容 C_e 的作用是提高电压放大倍数。

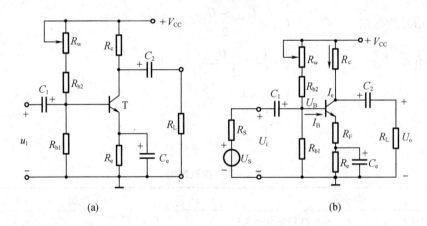

(a)   (b)

图 2-3 晶体管单级共射放大电路图

(a)分压式电流负反馈工作点稳定电路;(b)射极带 R_F 的工作点稳定电路

在图 2-3(a)所示电路中,当流过偏置电阻 R_w、R_{b1} 和 R_{b2} 的电流远大于晶体管 T 的基极电流 I_{BQ} 时(一般 5~10 倍),则它的静态工作点可用下式估算:

$$U_{BQ} \approx \frac{R_{b2}}{R_{b1} + R_{b2} + R_w} V_{CC} \tag{2-1}$$

$$I_{EQ} \approx \frac{U_{BQ} - U_{BEQ}}{R_e} \approx I_{CQ} \tag{2-2}$$

$$U_{CEQ} = V_{CC} - I_{CQ}(R_c + R_e) \tag{2-3}$$

电压放大倍数 $A_u = -\beta \dfrac{R_L'}{r_{be}}$,其中 $r_{be} = 300 + (1 + \beta)\dfrac{26\ mV}{I_{EQ}}$,开路时 $R_L' = R_c$,带负载时 $R_L' = R_c /\!/ R_L$。

输入电阻：$R_\text{i} = (R_\text{b1} + R_\text{w})$ // R_b2 // r_be。

输出电阻：$R_\text{o} \approx R_\text{c}$。

一个典型的晶体管单级共集放大电路（射极跟随器）如图 2 - 4 所示。它是一个电压串联负反馈放大电路，具有输入电阻高，输出电阻低，电压放大倍数接近于 1，输出电压能够在较大范围内跟随输入电压作线性变化以及输入、输出信号同相等特点。射极跟随器的输出取自发射极，故称其为射极输出器。

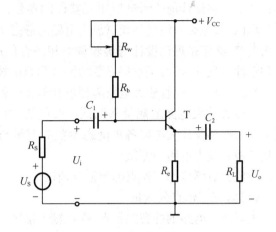

图 2 - 4　射极跟随器放大电路图

在图 2 - 4 所示电路中，电压放大倍数为

$$A_\text{u} = \frac{(1+\beta)(R_\text{e} // R_\text{L})}{r_\text{be} + (1+\beta)(R_\text{e} // R_\text{L})} \leqslant 1 \qquad (2-4)$$

上式说明，射极跟随器的电压放大倍数小于或接近于 1，且为正值。这是深度电压负反馈的结果，但它的射极电流仍比基流大 $(1+\beta)$ 倍，所以它具有一定的电流和功率放大作用。

在图 2 - 4 所示电路中，输入电阻为

$$R_\text{i} = r_\text{be} + (1+\beta)R_\text{e} \qquad (2-5)$$

如考虑偏置电阻 R_b 和负载 R_L 的影响，则

$$R_\text{i} = R_b // [r_\text{be} + (1+\beta)(R_\text{e} // R_\text{L})] \qquad (2-6)$$

由上式可知射极跟随器的输入电阻比共射极单管放大器的输入电阻要高得多，但由于偏置电阻 R_b 的分流作用，输入电阻难以进一步提高。

在图 2 - 4 所示电路中

$$R_\text{o} = \frac{r_\text{be}}{\beta} // R_\text{e} \approx \frac{r_\text{be}}{\beta} \qquad (2-7)$$

如考虑信号源内阻 R_S，则

$$R_\text{o} = \frac{r_\text{be} + (R_\text{S} // R_\text{b})}{\beta} // R_\text{e} \approx \frac{r_\text{be} + (R_\text{S} // R_\text{b})}{\beta} \qquad (2-8)$$

由上式可知射极跟随器的输出电阻比共射极单管放大器的输出电阻低得多。三极管的 β 愈高，输出电阻愈小。

射极跟随器的电压跟随范围是指射极跟随器输出电压 u_o 跟随输入电压 u_i 作线性变化的区域。当 u_i 超过一定范围时，u_o 便不能跟随 u_i 作线性变化，即 u_o 波形产生了失真。为了使输出电压 u_o 正、负半周对称，并充分利用电压跟随范围，静态工作点应选在交流负载线中点。测量时可直接用示波器读取 u_o 的峰峰值，即电压跟随范围；或用交流毫伏表读取 u_o 的有效值，则电压跟随范围为

$$U_\text{OPP} = 2\sqrt{2} U_\text{o} \qquad (2-9)$$

电子器件性能的分散性比较大，因此在设计和制作晶体管放大电路时，离不开测量和

调试技术。在设计前应测量所用元器件的参数,为电路设计提供必要的依据,在完成设计和装配以后,还必须测量和调试放大电路的静态工作点与各项性能指标。一个性能优良的放大电路,必定是理论设计与实验调整相结合的产物。因此,除了学习放大电路的理论知识和设计方法外,还必须掌握必要的测量和调试技术。

2.2.2.2 三极管放大电路的测量和调试过程

三极管放大电路的测量和调试一般包括:放大电路静态工作点的测量与调试,消除干扰与自激振荡及放大电路各项动态参数的测量与调试等。这些调试步骤同样可以应用在其他三极管放大电路的测试上。

1. 放大电路静态工作点的测量与调试

(1)静态工作点的测量

测量放大电路的静态工作点,应在输入信号 $U_i = 0$ 的情况下进行,即将放大电路输入端与地端短接,然后选用量程合适的万用表,分别测量晶体管的各电极对地的电位 U_{BQ}、U_{CQ} 和 U_{EQ}。一般实验中,为了避免断开集电极,所以采用测量电压 U_{EQ} 或 U_{CQ},然后算出 I_{CQ} 的方法,例如,只要测出 U_{EQ},即可用 $I_{CQ} \approx I_{EQ} = \dfrac{U_{EQ}}{R_e}$ 算出 I_{CQ},同时也能算出 $U_{BEQ} = U_{BQ} - U_{EQ}$,$U_{CEQ} = U_{CQ} - U_{EQ}$。

为了减小误差,提高测量精度,应选用内阻较高的万用表,一般数字万用表的输入阻抗为 10 MΩ 左右。

(2)静态工作点的调试

放大电路静态工作点的调试是指对管子集电极电流 I_{CQ}(或 U_{CEQ})的调整与测试。

静态工作点是否合适,对放大电路的性能和输出波形都有很大影响。如工作点偏高,放大电路在加入交流信号以后易产生饱和失真,此时 u_o 的负半周将被削底,如图 2−5(a)所示;如工作点偏低则易产生截止失真,即 u_o 的正半周被缩顶,如图 2−5(b)所示。这些情况都不符合不失真放大的要求,所以在选定工作点以后还必须进行动态调试,即在放大电路的输入端加入一定的输入电压 u_i,检查输出电压 u_o 的大小和波形是否满足要求。如不满足,则应调节静态工作点的位置。

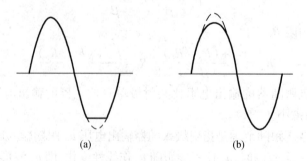

(a)   (b)

图 2−5 静态工作点对 u_o 波形失真影响的示意图

(a)饱和失真;(b)截止失真

改变电路参数 V_{CC},R_c,R_w 都会引起静态工作点的变化,如图 2−6 所示。但通常多采用调节偏置电阻 R_w 的方法来改变静态工作点,如减小 R_w 则可使静态工作点提高。

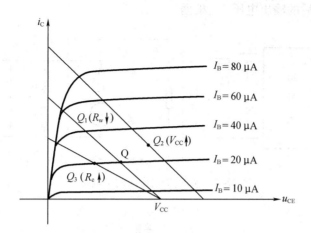

图 2 - 6　电路参数对静态工作点影响的示意图

上面所说的工作点"偏高"或"偏低"不是绝对的,应该是相对信号幅度而言的,如果输入信号幅度很小,即使工作点较高或较低也不一定会出现失真。所以确切地说,产生波形失真是信号幅度与静态工作点设置配合不当所致。如需满足较大信号幅度的要求,静态工作点最好尽量靠近交流负载线的中点。

2. 放大电路动态指标测试

放大电路动态指标包括电压放大倍数、输入电阻、输出电阻、最大不失真输出电压(动态范围)和通频带等。

(1)电压放大倍数 A_u 的测量

调整放大电路到合适的静态工作点,然后加入输入电压 u_i(其有效值一般为 5 mV),在输出电压 u_o 不失真的情况下,用交流毫伏表测出 u_i 和 u_o 的有效值 U_i 和 U_o,则

$$A_u = \frac{U_o}{U_i}$$

(2)输入电阻 R_i 的测量

为了测量放大电路的输入电阻,按图 2 - 7 所示电路在被测放大电路的输入端与信号源之间串入一个已知电阻 R_S,在放大电路正常工作的情况下,用交流毫伏表测出 U_S 和 U_i,则根据输入电阻的定义可得

$$R_i = \frac{U_i}{I_i} = \frac{U_i}{\dfrac{U_R}{R_S}} = \frac{U_i}{U_S - U_i} R_S \tag{2-10}$$

测量时应注意以下几点:

① 由于电阻 R_S 两端没有电路公共接地点,所以测量 R_S 两端电压 U_R 时必须分别测出 U_S 和 U_i,然后按 $U_R = U_S - U_i$ 求出 U_R 值。

② 电阻 R_S 的值不宜取得过大或过小,以免产生较大的测量误差,通常取 R_S 与 R_i 为同一数量级为好,本实验可取 $R_S = 1.1$ kΩ。

(3)输出电阻 R_o 的测量

按图 2 - 7 所示电路,所示在放大电路正常工作条件下,测出输出端不接负载 R_L 的输出

电压 U_o' 和接入负载后的输出电压 U_o，根据

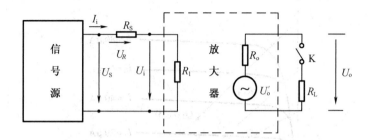

图 2-7 输入、输出电阻测量电路图

$$U_o = \frac{R_L}{R_o + R_L} U_o'$$

即可求出

$$R_o = \left(\frac{U_o'}{U_o} - 1\right) R_L \qquad (2-11)$$

在测试中应注意，必须保持 R_L 接入前后输入信号的大小不变。

（4）最大不失真输出电压 U_{omax} 的测量（最大动态范围）

在给定静态工作点的条件下，放大电路所能输出的最大不失真输出电压值。在测量电压放大倍数的基础上，逐渐增加输入信号幅值，同时观察输出波形，当输出波形刚好不失真（如图 2-8 所示）时，用交流毫伏表测出 U_o（有效值），则 U_{omax} 等于 $\sqrt{2} U_o$，或用示波器直接读出输出波形的峰值，即为 U_{omax}。

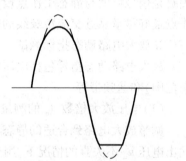

图 2-8 输出波形刚好不失真的情况示意图

（5）放大电路幅频特性的测量

放大电路的幅频特性是指放大电路的电压放大倍数 A_u 与输入信号频率 f 之间的关系曲线。单管阻容耦合放大电路的幅频特性曲线如图 2-9 所示，A_{um} 为中频电压放大倍数，通常规定电压放大倍数随频率变化下降到中频放大倍数的 $1/\sqrt{2}$ 倍，即 $0.707\,A_{um}$ 所对应的频率分别称为下限频率 f_L 和上限频率 f_H，则通频带 $f_{BW} = f_H - f_L$。

放大电路的幅频特性就是测量不同频率信号时的电压放大倍数 A_u。为此，可采用前述测 A_u 的方法，每改变一个信号频率，测量其相应的电压放大倍数，测量时应注意取点要恰当，在低频段与高频段应多测几个点，在中频段可以少测几个点。此外，在改变频率时，要保持输入信号的幅度不变（需要随时监

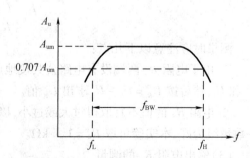

图 2-9 幅频特性曲线图

测、调整），且输出波形不得失真。

2.2.3　设计范例

设计一个工作点稳定的单级放大电路。已知：$V_{CC} = +12$ V，$R_L = 3.3$ kΩ。完成如下要求：（1）没加负载时，电压放大倍数 $A_u \geq 60$；（2）没加负载时，要求最大不失真输出电压 $U_{omax} \geq 1.5$ V；（3）输入电阻 $R_i \geq 1$ kΩ 和输出电阻 $R_o \leq 3$ kΩ；（4）没加负载时，完成频响测量，且要求 $f_H > 100$ kHz。

2.2.3.1　设计过程

1. 选择电路形式

因要求工作点稳定性好，故选用分压式电流负反馈共射放大电路，如图 2 – 10 所示。

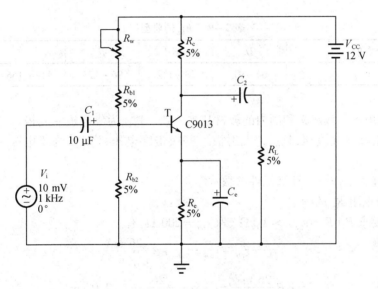

图 2 – 10　静态点稳定的共射放大电路图

2. 选用晶体管

在小信号放大器中，由于对极限参数要求不高，设计时一般可不考虑极限参数。

因设计要求 $f_H > 100$ kHz，f_H 的指标要求较高。一般来说，BJT 的 f_T 愈大，$C_{b'e}$ 和 $C_{b'c}$ 愈小，f_H 愈高。故选定 BJT 为 C9013，其 $I_{CM} = 500$ mA，$V_{(BR)CEO} \geq 20$ V，$P_{CM} = 625$ mW，$f_T \geq 200$ MHz，$I_{CEO} \leq 100$ nA，$h_{FE}(\beta)$ 为 64 ~ 202。对于小信号电压放大电路，工程上通常要求 β 的数值大于 A_u 的数值，故取 $\beta = 64$。

这里要强调的是，在设计电路时，不可避免地会遇到一些新器件，因此要学会看懂各种器件的数据手册才能正确使用不同的元器件。表 2 – 8 是厂家提供的 C9013 的电气特性参数表，表 2 – 9 是 C9013 的参数 h_{FE} 的典型值，也就是国内常说的 β 值。

表 2 - 8　C9013 的电气特性参数表

特性	符号	测试文件	最小	典型	最大	单位
集电极 – 基极击穿电压	BV_{CBO}	$I_C = 100\ \mu A, I_E = 0$	40	—	—	V
集电源 – 发射极击穿电压	BV_{CEO}	$I_C = 1\ mA, I_B = 0$	20	—	—	V
发射极 – 基极击穿电压	BV_{EBO}	$I_E = 100\ \mu A, I_C = 0$	5	—	—	V
集电极截止电流	I_{CBO}	$V_{CB} = 25\ V, I_E = 0$	—	—	100	nA
发射极截止电流	I_{EBO}	$V_{EB} = 3\ V, I_C = 0$	—	—	100	nA
直流电流增益	h_{FE1}	$V_{CE} = 1\ V, I_C = 50\ mA$	64	120	202	—
	h_{FE2}	$V_{CE} = 1\ V, I_C = 500\ mA$	40	120	—	—
集电极 – 发射极饱和电压	$V_{CE(sat)}$	$I_C = 500\ mA, I_B = 50\ mA$	—	0.16	0.6	V
基极 – 发射极饱和电压	$V_{SE(sat)}$	$I_C = 500\ mA, I_B = 50\ mA$	—	0.91	1.2	V

表 2 - 9　h_{FE} 的典型值

分类值	D	E	F	G	H
$h_{FE}(1)$	64 ~ 91	78 ~ 112	96 ~ 135	112 ~ 166	144 ~ 202

表 2 - 8 中各参数定义和国内的教材基本一致。V_{CBO} 为集电极 – 基极击穿电压，V_{CEO} 为集电极 – 发射极击穿电压，V_{EBO} 为发射极 – 基极击穿电压，$V_{CE(sat)}$ 为集电极 – 发射极饱和电压。

3. 设置静态工作点并计算元件参数

（1）射极电阻 R_e 的确定

由设计要求 $R_i(R_i \approx r_{be}) > 1\ k\Omega$ ，取 $r_{bb'} = 200\ \Omega$，有

$$r_{be} \approx r_{bb'} + r_{b'e} = r_{bb'} + \beta \frac{26\ mA}{I_{CQ}(mA)}$$

$$I_{CQ} < \beta \frac{26\ mV}{R_i - r_{bb'}} = 64 \times \frac{26}{1\ 000 - 200} = 2.08\ mA$$

因此取 $I_{CQ} = 2.2\ mA$。

根据工作点稳定的条件 $U_{BQ} = (5 \sim 10)U_{BEQ} = 3 \sim 5\ V$（硅管），取 $U_{BQ} = 3.7\ V$，$U_{BEQ} = 0.7\ V$。

有 $R_e \approx \dfrac{U_{BQ} - U_{BEQ}}{I_{CQ}} = \dfrac{3.7 - 0.7}{2.2} \approx 1.37\ k\Omega$，取 E24 系列（ $\pm 5\%$ ）标称值，$R_e = 1.1\ k\Omega$。

（2）基极偏置电阻 R_{b1} 和 R_{b2} 的确定

由图 2 - 10 有

$$R_{b2} = \frac{U_{BQ}}{I_1} \geqslant \beta \frac{U_{BQ}}{10 I_{CQ}} = \frac{64 \times 3.7}{10 \times 2} = 11.84\ k\Omega$$

取 E24 系列标称值，$R_{b2} = 22\ k\Omega$。

$$U_{BQ} \approx V_{CC} \frac{R_{b2}}{R_{b1} + R_{b2}}$$

$$R_{b1} \approx R_{b2} \frac{V_{CC} - U_{BQ}}{U_{BQ}} = \frac{22 \times (12 - 3.7)}{3.7} \approx 49.4\ k\Omega$$

取 E24 系列标称值，$R_{b1} = 51$ kΩ。

通常都是用改变 R_{b1} 来实现静态工作点的改变，因此 R_{b1} 用 47 kΩ 电位器与固定电阻 18 kΩ 串联。

（3）集电极电阻 R_c 的确定

$$r_{be} = r_{bb'} + \beta \frac{26\ mV}{I_{CQ}(mA)} = 200 + 64 \times \frac{26}{2.2} \approx 956\ \Omega$$

由 $R_L' = R_c /\!/ R_L$，有

$$R_L' = \frac{|A_u| r_{be}}{\beta} = \frac{40 \times 0.956}{64} \approx 0.60\ k\Omega$$

$$R_c = \frac{R_L R_L'}{R_L - R_L'} \approx \frac{3.3 \times 0.60}{3.3 - 0.60} \approx 0.73\ k\Omega$$

取 E24 系列标称值，$R_c = 1.1$ kΩ。

（4）电容 C_1、C_2 和 C_e 的选取

耦合电容 C_1、C_2 及旁路电容 C_e 的取值，并不一定都要通过计算求得，也可根据经验和参考一些电路酌情选择，在低频范围内通常取

$$C_1 = C_2 = 5 \sim 20\ \mu F$$

$$C_e = 50 \sim 200\ \mu F$$

选 $C_1 = C_2 = 10\ \mu F/25$ V，$C_e = 47\ \mu F/25$ V（电容应选取标称值，并注意耐压）。

2.2.3.2　Multisim 仿真分析

在 Multisim10.0 实验平台上，按上述设计参数搭建实验电路，依设计要求，验证放大电路的性能指标：静态工作点，电压放大倍数，输入、输出电阻以及频率特性。若不符合要求，则可修改实验电路中的相应元件参数，直至符合实验要求。

因为是第一次使用 Multisim10.0，本节以三极管单级放大电路为例，详细介绍选取元件、创建电路、启动仿真等步骤，后面的实验就不再涉及这些基础内容了。

1. 创建电路

（1）启动 Multisim10.0，如图 2 - 11 所示。

图 2 - 11　Multisim10.0 空白工作区示意图

（2）点击菜单栏上"放置/component"，弹出如图 2 – 12 所示的"选择元件"对话框。

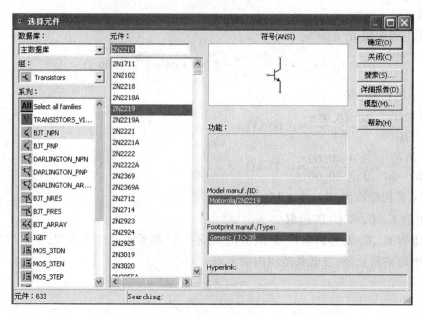

图 2 – 12　选择元件界面示意图

（3）在"组"下拉菜单中选择 Basic，如图 2 – 13 所示。

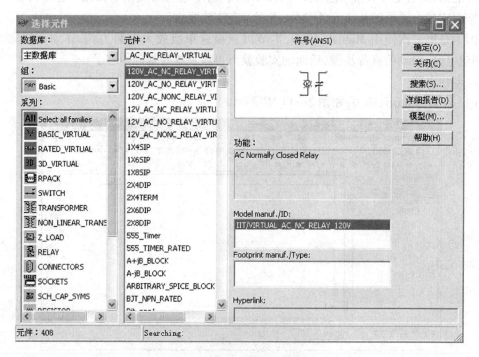

图 2 – 13　Basic 组界面示意图

(4)选中 RESISTOR,同时在右边列表中选中 1. 1 kΩ 5% 电阻,点击 OK 按钮。此时该电阻随鼠标一起移动,在工作区适当位置点击鼠标左键放置元件,如图 2 − 14 所示。

图 2 − 14　电阻选择示意图

(5)与步骤(4)相同的方法,把图 2 − 15 所示的所有电阻放入工作区。

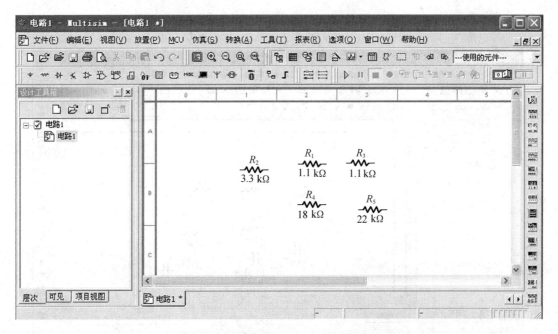

图 2 − 15　将所有电阻放入工作区示意图

（6）与选择电阻同样的过程，如图 2－16 所示选取电容，把两个 10 μF 和 1 个 47 μF 电容放在工作区适当位置。

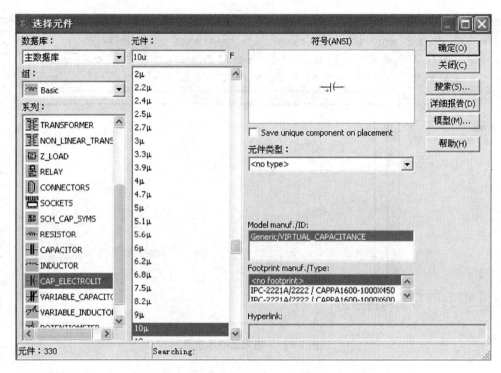

图 2－16　选择电容示意图

结果如图 2－17 所示：

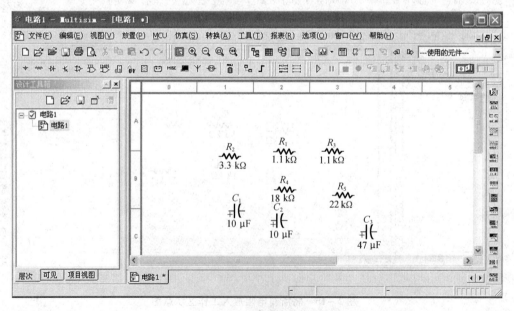

图 2－17　放置电容示意图

（7）选取滑动变阻器，如图2-18所示。

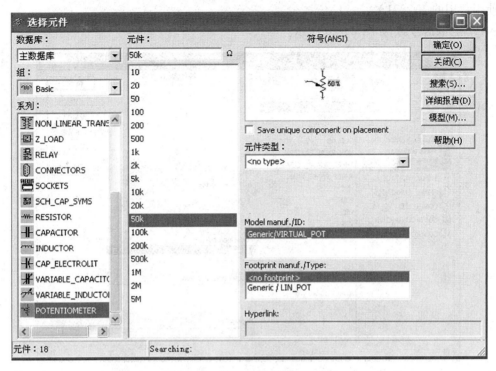

图2-18 选取滑动变阻器示意图

（8）选取三极管，如图2-19所示。

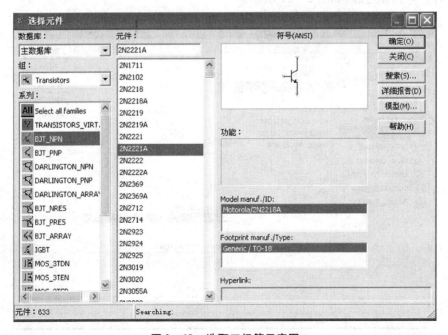

图2-19 选取三极管示意图

注:如果 Multisim 中没有所需的三极管型号,可用性能相近的型号替代。这里,我们暂时使用常用的 2N2221A。

(9)选取信号源,如图 2 - 20 所示。

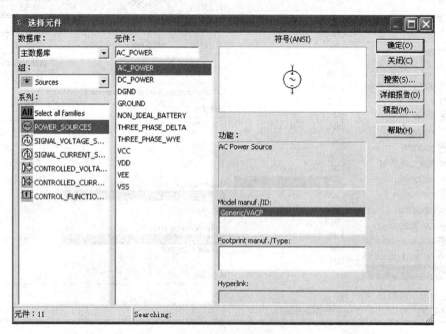

图 2 - 20　选取信号源示意图

(10)选取直流电源,如图 2 - 21 所示。

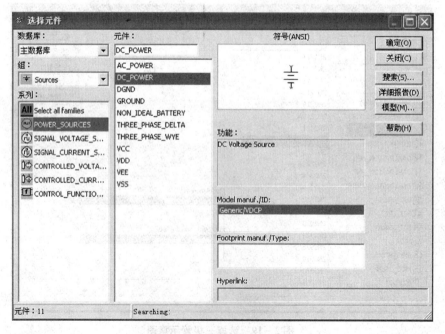

图 2 - 21　选取直流电源示意图

（11）选取地，如图 2 - 22 所示。

需要说明的是，Multisim 中的地有 DGND 和 GROUND 之分。GROUND 是模拟地，包含数字地，可通用，但仿真算法复杂，慢；DGND 是数字地，不兼容模拟地，但如果是纯数字电路，用它仿真速度可以大大提高。

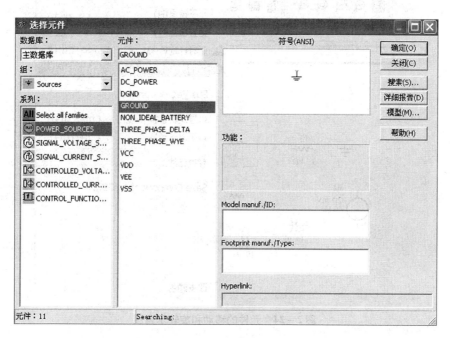

图 2 - 22 选取地示意图

（12）所有元器件的放置如图 2 - 23 所示。

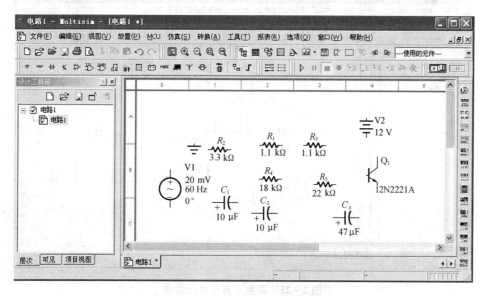

图 2 - 23 所有元件的放置示意图

（13）元件的移动与旋转，即单击元件不放，便可以移动元件的位置；单击元件（就是选中元件），点击鼠标右键，便可以旋转元件，如图 2 – 24 所示。

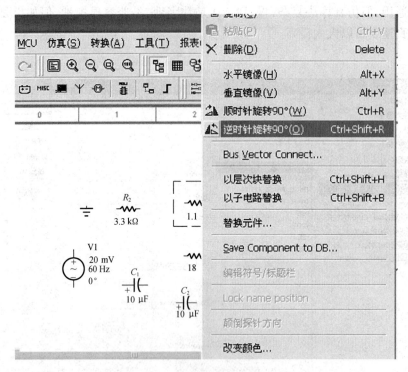

图 2 – 24　元件的移动和旋转示意图

（14）调整所有元件，如图 2 – 25 所示。

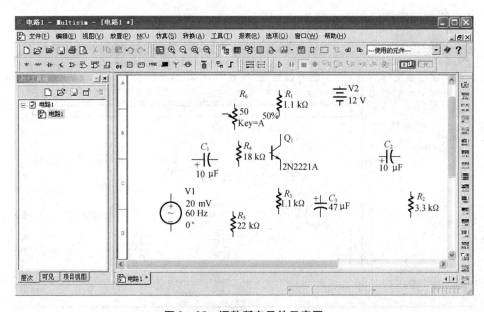

图 2 – 25　调整所有元件示意图

（15）把鼠标移动到元件的管脚，单击，牵引连线到另一个元件的管脚上，便可以连接线路，如图 2 - 26 所示。

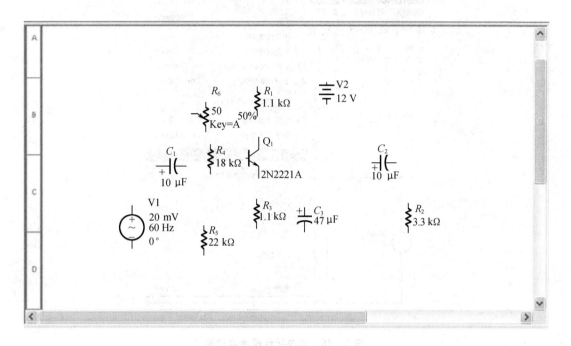

图 2 - 26　连接导线示意图

（16）把所有元件连接成如图 2 - 27 所示电路。

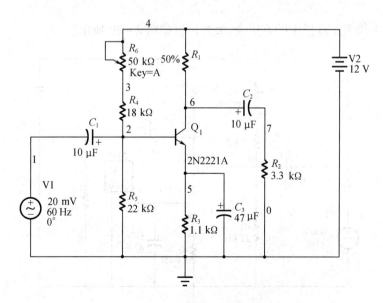

图 2 - 27　元件连接完成示意图

（17）需要更改电路中元件阻值，比如要把 R_5 从 22 kΩ 更改为 20 kΩ，选中电阻 R_5，点击鼠标右键，如图 2-28 所示。

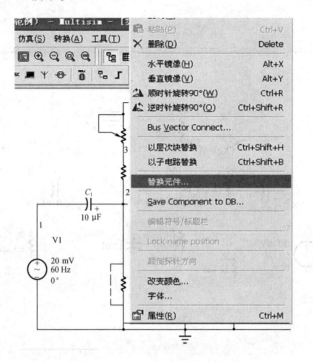

图 2-28　修改元件属性示意图

然后，重新选取 20 kΩ 电阻便可更换。

本实验依次将三极管和其他元件修改为所需型号。最后完整的电路图如图 2-29 所示。

（18）单击仪表工具栏中的万用表，放置位置如图 2-29 所示。

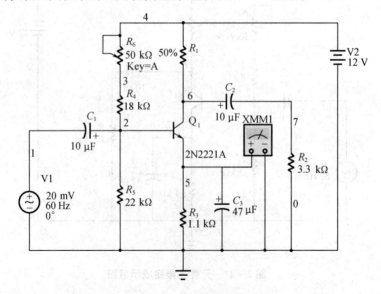

图 2-29　放置万用表示意图

2.电路静态仿真

（1）单击工具栏中运行按钮 ，便可以进行数据的仿真。之后，双击万用表图标 ，就可以观察三极管 e 端对地的直流电压，如图 2 － 30 所示。

图 2 － 30　万用表显示值示意图

然后，单击滑动变阻器，会出现一个虚框，之后，按键盘上的 A 键，就可以增加滑动变阻器的阻值，shift ＋ A 便可以降低其阻值。

（2）静态数据仿真

①调节滑动变阻器的阻值，使万用表的数据约为 3.0 V。

②停止仿真，并执行菜单栏中 simulate/analyses/DC Operating Point。

③将电路变量中需要的节点电压或者是电流添加到右侧"分析所选变量"栏中，如图 2 －31所示。

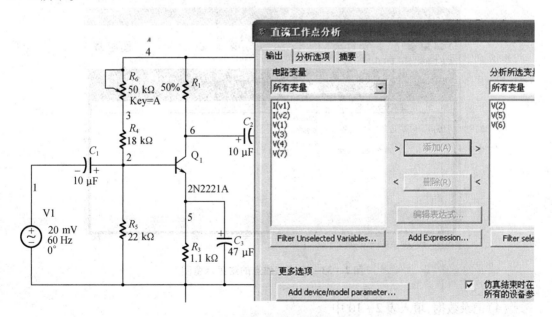

图 2 － 31　添加待仿真变量示意图

注意:V(2)就是电路图中三极管基极上的节点 2 的电压,V(5),V(6)分别是发射极和集电极上的节点 5 和节点 6 的电压。

(3)点击对话框上的仿真按钮,如图 2 − 32 所示。

图 2 − 32　运行仿真示意图

得到直流工作点的结果如图 2 − 33 所示。

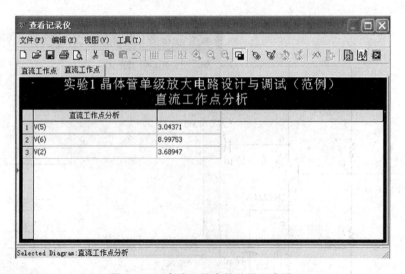

图 2 − 33　直流工作点的结果示意图

(4)记录数据,填入表 2 − 10 中。

表 2 – 10　静态工作点的值

仿真数据（对地数据）			计算数据		
基极/V	集电极/V	发射极/V	V_{be}/V	V_{ce}/V	R_p/V

说明：R_p 的值等于滑动变阻器的最大阻值乘上百分比。

3. 电路动态仿真 1——显示波形

（1）单击仪表工具栏中示波器 Oscilloscope，放置在如图 2 – 34 所示的位置，并且连接电路。

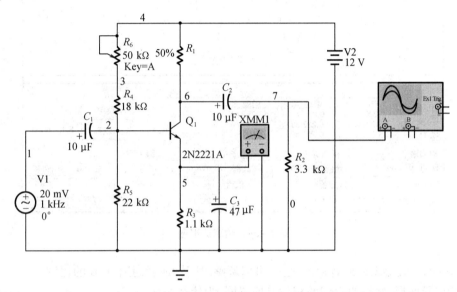

图 2 – 34　放置了示波器的仿真图

注意：示波器分为 2 个通道，每个通道有 + 和 –，连接时只需用 + 即可，元件默认地已经连接好。观察波形图时会出现不知道哪个波形是哪个通道的问题，解决方法是更改连接通道的导线颜色，即右键点击导线，弹出如图 2 – 35 所示属性标签，单击改变颜色，示波器中波形颜色也会随之改变。

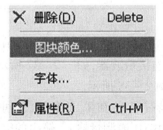

图 2 – 35　属性标签图

（2）单击工具栏中运行按钮，可以进行数据的仿真。双击示波器图标 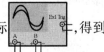，得到

如图 2 - 36 所示波形。

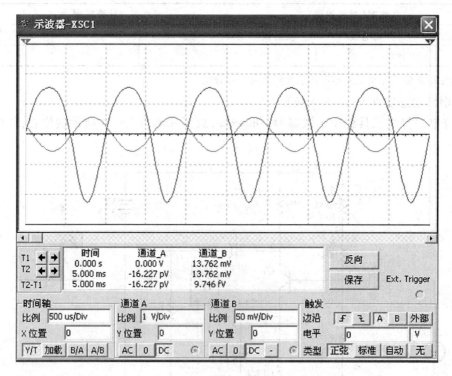

图 2 - 36 仿真波形图

注意:如果波形太密或者幅度太小,可以调整时间轴或者通道 A/B 的比例。

(3)记录波形,并说明它们的相位有何不同,为什么?

(4)尝试读取输入输出电压值,计算放大倍数是多少? 完成后填入表 2 - 11 中。

表 2 - 11 放大倍数

仿真数据(填写单位)		结果
U_i	U_o	A_u

4. 电路动态仿真 2——测量负载发生变化时的输出电压

(1)删除负载电阻 R_2,重新连接示波器,如图 2 - 37 所示。

(2)重新启动仿真,波形如图 2 - 38 所示。

移动示波器屏幕最左端和最右端 T_1 和 T_2 的竖线,就可以在屏幕下方的数据框中读出输入和输出的峰值。也可以利用电压表测量输入、输出的电压值。

注意:用示波器读出的一般是峰值,而电压表测量得到的是有效值。峰值变为有效值需要除以 $\sqrt{2}$。

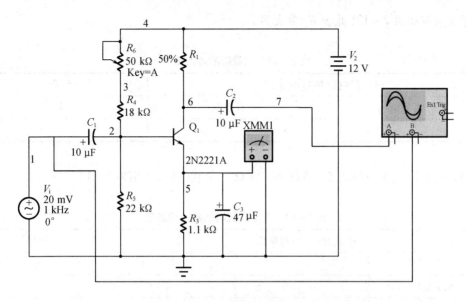

图 2-37　空载时仿真电路图

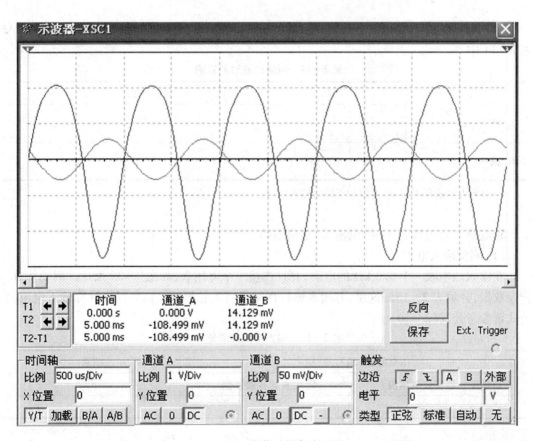

图 2-38　空载时仿真波形图

记录数据如表 2 – 12（此表 R_L 为无穷）。

表 2 – 12　空载时的放大倍数

仿真数据（填写单位）		结果
U_i 有效值	U_o 有效值	A_u

（3）其他不变，分别加上 5.1 kΩ 和 330 Ω 的负载电阻，并填表 2 – 13。

表 2 – 13　改变负载时的放大倍数表

仿真数据（填写单位）			结果
R_L	U_i	U_o	A_u
5.1 kΩ			
330 Ω			

（4）其他不变，增大和减小滑动变阻器的值，观察 U_o 的变化，并记录波形，完成后填入表 2 – 14 中。

表 2 – 14　对输出波形的影响

	U_{BQ}	U_{CQ}	U_{EQ}	画出波形
R_p 增大				
R_p 减小				

注：如果失真效果不明显，可以适当增大输入信号。

5. 电路动态仿真 3——测量输入、输出电阻

（1）测量输入电阻 R_i

在输入端串联一个 3.3 kΩ 的电阻，并且连接一个万用表，如图 2 – 39 所示。启动仿真，记录数据，并填表 2 – 15。这里，万用表要打在交流挡才能测试交流数据。计算输入电阻的公式请参考公式（2 – 10）。

表 2 – 15　输入电阻的测量表

仿真数据（填写单位）		结果
信号发生器有效电压值	万用表的有效数据	R_i

（2）测量输出电阻 R_o

测量输出电阻时，要分别测量空载和带载时的输出电压的值，使用公式（2 – 11）来计算输出电阻，完成后填入表 2 – 16。

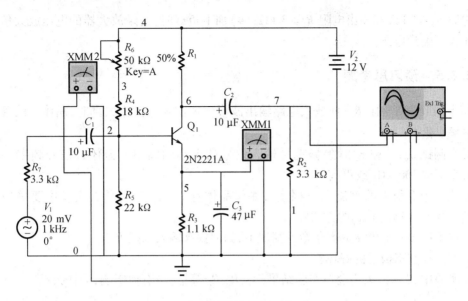

图 2-39 测量输入电阻示意图

表 2-16 输出电阻的测量表

仿真数据(填写单位)		结果
U_L/V	U_o/V	R_o/Ω

2.2.4 设计选题

基本选题 A

设计一个工作点稳定的单级放大电路。已知:$V_{CC} = +12$ V,$R_L = 3.3$ kΩ。完成如下要求:(1)没加负载时,电压放大倍数 $A_u \geqslant 60$;(2)没加负载时,要求最大不失真输出电压 $U_{omax} \geqslant 1.5$ V;(3)加上负载时,记录放大器的电压放大倍数和最大不失真输出电压;(4)观察静态工作点 Q 升高或降低对放大电路输出波形的影响。

提示:采用分压供偏式电路。

扩展选题 B

设计一个工作点稳定的单级放大电路。已知:$V_{CC} = +12$ V,$R_L = 3.3$ kΩ。完成如下要求:(1)没加负载时,电压放大倍数 $A_u \geqslant 40$;(2)没加负载时,要求最大不失真输出电压 $U_{omax} \geqslant 1.5$ V;(3)输入电阻 $R_i \geqslant 1$ kΩ 和输出电阻 $R_o \leqslant 3$ kΩ;(4)加上负载时,记录放大器的电压放大倍数和最大不失真输出电压;(5)没加负载时,静态工作点 Q 升高或降低对放大电路输出波形的影响;(6)没加负载时,完成频响测量。

提示:带 R_F 分压偏置式电路。

扩展选题 C

设计一个射极跟随器电路。已知:$V_{CC} = +12$ V,$R_L = 3.3$ kΩ。完成如下要求:(1)没加负载时,电压放大倍数 $A_u \approx 1$;(2)没加负载时,要求最大不失真输出电压 $U_{omax} \geqslant 1.5$ V;(3)

输入电阻 $R_i \geqslant 1$ kΩ 和输出电阻 $R_o \leqslant 3$ kΩ;(4)加上负载时,记录放大器的电压放大倍数和最大不失真输出电压。

2.2.5　预习思考题

1. 当调节偏置电阻 R_w,使放大电路输出波形出现饱和或截止失真时,晶体管的管压降 U_{CEQ} 怎样变化?

2. 在测试 A_u,r_i 和 r_o 时怎样选择输入信号的大小和频率? 为什么信号频率一般选 1 kHz,而不选 100 kHz 或更高?

3. 能否用万用表的直流电压挡直接测量晶体管的 U_{CEQ}? 为什么实验中要采用先测 U_{CQ}、U_{EQ},再间接算出 U_{CEQ} 的方法?

4. 在不明显降低电压放大倍数的情况下,如何提高输入电阻 R_i?

5. 如何检查三极管的好坏?

6. 实验中,β 值的大小会对实验结果(A_u,R_i,R_o 等指标)有何影响,为什么?

2.2.6　预习报告要求

1. 复习有关晶体管单级放大电路的内容。

2. 选择合适选题,画出电路图,写出完整的设计过程。

3. 按实验电路估算晶体管单级放大电路的静态工作点(取 $\beta = 64$)。

4. 估算晶体管单级放大电路的 A_u,R_i 和 R_o。

5. 对设计电路进行仿真,确认是否能实现具体指标。

6. 自行拟定实验步骤和实验数据表格。记录仿真实验数据,需要通过仿真来验证实验步骤和实验数据表格是否合理。

2.2.7　实验注意事项

1. 检测所用导线是否导通,尽量选择短导线,避免干扰。接好电路检查无误再通电。

2. 三极管在使用之前一定要检测一下好坏。

3. 测量静态电压时,注意正确调整万用表挡位;实验中不直接测量电路电流值,通过测量两点电位差得出电压,然后通过计算得到电流。用螺丝刀调节电位器时需轻柔些,静态工作调好后,不要再动电位器,以免影响测量。

2.2.8　实验内容和步骤

这里只给出基本实验内容的测试内容和步骤。请自己设计或者参考后面的实验拟定扩展选题的相关步骤和实验数据表格。

1. 装接放大电路

检测需要的电子元器件,尤其准确判断三极管的三个电极,常见三极管型号的电极排列如图 2-40 所示。并按其在图 2-40 中的位置定好位,注意布局和布线的美观。为防止干扰,各仪器的公共端必须连在一起,同时信号源、交流毫伏表和示波器的引线应采用专用电缆线或屏蔽线,如使用屏蔽线,则屏蔽线的黑色夹子应接在公共接地端上。

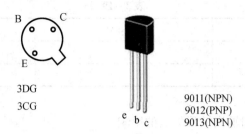

图 2 - 40　晶体三极管的管脚排列

2. 调试静态工作点

接通 + 12 V 电源、调节 R_W，使 U_{EQ} 达到设计要求，用万用表的直流电压挡测量 U_{BQ}、U_{CQ} 和 U_{EQ}，将测量结果填入表 2 - 17 中。

表 2 - 17

仿真值			计算值		
U_{EQ}/V	U_{BQ}/V	U_{CQ}/V	U_{BEQ}/V	U_{CEQ}/V	I_{CQ}/mA

射极跟随器的静态工作点调整方法如下：将电源 + 12 V 接上，在输入端加 $f = 1$ kHz 正弦波信号，输出端用示波器监视，反复调整 R_W 及信号源输出幅度，使输出幅度在示波器屏幕上得到一个最大不失真波形，然后断开输入信号，用万用表测量晶体管对地的电位，即为该放大器静态工作点。

3. 测量电压放大倍数

在放大电路输入端加入频率为 1 kHz 有效值为 5 mV 的正弦信号 u_i（考虑用什么仪器测量），同时用示波器观察放大电路输出电压 u_o 的波形。在 u_o 波形不失真的条件下，分别测量当 $R_L = 3.3$ kΩ、330 Ω 和开路时的 U_i 和 U_o 值，并填入表 2 - 18，计算电压放大倍数 A_u。

表 2 - 18　$U_i \approx 5$ mV

$R_L/kΩ$	测量值		计算值
	U_i/mV	U_o/mV	A_u
3.3			
0.33			
∞			

4. 测量最大不失真输出电压

当 $R_L = 3.3$ kΩ 和开路时，调节输入信号的幅度，用示波器观察波形，使 U_o 最大且不失真，用交流毫伏表测量 U_{omax}，同时记录下此时的输入信号值，填入表 2 - 19。思考一下这两者的 U_{omax} 有什么关系，为什么？

表 2 - 19

$R_L/k\Omega$	U_i/mV	U_{omax}/V
3.3		
∞		

5. 观察静态工作点对输出波形失真的影响

外电路参数保持不变,逐步加大输入信号,使输出电压 U_o 足够大但不失真。然后保持输入信号 U_i 不变,分别增大和减小 R_W,使波形出现饱和失真和截止失真,绘出 U_o 的波形,并测出失真情况下的 U_{EQ} 和 U_{CQ} 值,解释观察到的失真波形是饱和失真还是截止失真,将结果填入表2 - 20中。

表 2 - 20

U_{EQ}/V	U_{CQ}/V	U_o 波形	失真情况	R_W	管子工作状态

2.2.9 实验报告要求

1. 列表整理测量数据,并把实测的静态工作点、电压放大倍数的值与理论值进行比较(取一组数据进行比较),分析产生误差的原因。

2. 通过画出放大电路输出波形图,讨论静态工作点变化对放大电路输出波形的影响。

3. 总结 R_L 对放大电路电压放大倍数的影响。

4. 总结 U_{omax} 的决定因素。

*5. 画出幅频特性曲线,给出 f_H 和 f_L。

6. 分析并讨论在调试过程中出现的问题该如何解决?

7. 说明通过本次实验你对晶体管单级共射放大电路三种组态的理解和认识。

注:加 * 号的问题是扩展选题内容。

2.3 差动放大电路设计与调试

2.3.1 实验目的

(1)掌握差动放大器的主要特性及其测试方法。

(2)学习带恒流源式差动放大器的设计方法和调试方法。

2.3.2 实验原理

1. 直流放大电路的特点

在生产实践中,常需要对一些变化缓慢的信号进行放大,此时就不能用阻容耦合放大电路了。为此,若要传送直流信号,就必须采用直接耦合。图 2-41 所示的电路就是一种简单的直流放大电路。

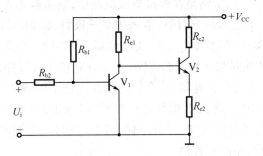

图 2-41 直流放大电路图

由于该电路级间是直接耦合,不采用隔直元件(如电容或变压器),便产生了新的问题。首先,由于电路的各级直流工作点不是互相独立的,便产生了级间电平如何配置才能保证有合适的工作点和足够的动态范围的问题。其次,当直流放大电路输入端不加信号时,由于温度、电源电压的变化或其他干扰而引起的各级工作点电位的缓慢变化,都会经过各级放大使末级输出电压偏离零值而上下摆动,这种现象称为零点漂移。如果在输入端加入信号,则输出端不仅有被放大的信号,还有零点漂移量,严重的零点漂移量甚至会比真正的放大信号大得多,因此抑制零点漂移是研制直流放大电路的一个主要问题。差动式直流放大电路能较好地抑制零点漂移,在科研和生产实践中得到了广泛应用。

2. 差动式直流放大电路

典型差动式直流放大电路如图 2-42 所示。它是一种特殊的直接耦合放大电路,要求电路两边的元器件完全对称,即两管型号相同、特性相同、各对应电阻值相等。

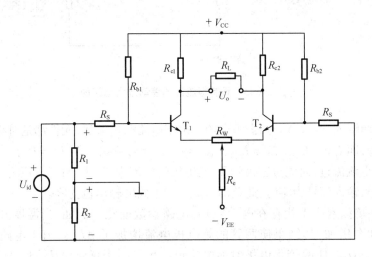

图 2-42 典型差动式直流放大电路图

为了改善差动式直流放大电路的零点漂移,利用了负反馈能稳定工作点的原理,在两管公共发射极回路接入了稳流电阻 R_e 和负电源 $-V_{EE}$,R_e 愈大稳定性愈好。但由于负电源不可能用得很低,因而限制了 R_e 阻值的增大。为了解决这一矛盾,实际应用中常用晶体管恒流源来代替 R_e,形成了具有恒流源的差动放大器,电路如图 2 – 43 所示。具有恒流源的差动放大器,应用十分广泛。特别是在模拟集成电路中,它常被用作输入极或中间放大极。

在图 2 – 43 中,T_1、T_2 称为差分对管,常采用双三极管,如 5G921、BG319 或 FHIB 等,它与信号源内阻 R_{s1}、R_{s2}、集电极电阻 R_{b1}、R_{b2} 及电位器 R_w 共同组成差动放大器的基本电路。T_3、T_4 和电阻 R_{e3}、R_{e4}、R 共同组成恒流源电路,为差分对管的射极提供恒定电流 I_o。电路中 R_{s1}、R_{s2} 是取值一致而且比较小的电阻,其作用是使在连接不同输入方式时加到电路两边的信号达到大小相等极性相反,或大小相等极性相同,以满足差模信号输入或共模信号输入时的需要。晶体管 T_1 与 T_2、T_3 与 T_4 是分别做在同一块衬底上的两个管子,电路参数应完全对称,调节 R_w 可调整电路的对称性。

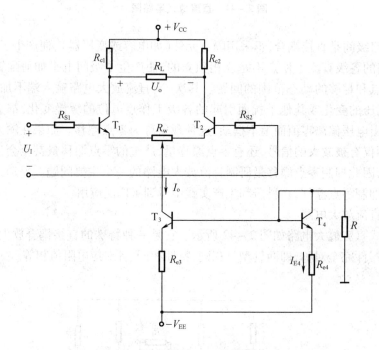

图 2 – 43　具有恒流源的差动放大电路图

静态时,两输入端不加信号,即 $U_{id} = 0$。由于电路两边参数、元件都是对称的,故两管的电流电压相等,即 $I_{BQ1} = I_{BQ2}$,$I_{CQ1} = I_{CQ2}$,$U_{CQ1} = U_{CQ2}$,此时输出电压 $U_o = U_{CQ1} - U_{CQ2} = 0$,负载电阻 R_L 没有电流流过,而流过三极管 T_3 集电极的电流为 T_1,T_2 两管电流 I_E 之和。所以在理想情况下,当输入信号为零时,此差动直流放大电路的输出也为零。

当某些环境因素或干扰存在时,会引起电路参数变化。例如,当温度升高时,三极管 U_{BE} 会下降,β 会增加,其结果使两管的集电极电流增加了 ΔI_{CQ}。由于电路对称,故必有 $\Delta I_{CQ1} = \Delta I_{CQ2} = \Delta I_{CQ}$,使两管集电极对地电位也产生了一个增量 ΔU_{CQ1} 和 ΔU_{CQ2},且数值相等。此时输出电压的变化量 $\Delta U_o = \Delta U_{CQ1} - \Delta U_{CQ2} = 0$,这说明虽然由于温度升高,每个管子的集电极对地电位产生了漂移,但只要电路对称,输出电压取自两管的集电极,差动式直流放大电路可以利用一个管子的漂移去补偿另一个管子的漂移,从而使零点漂移得到抵消,放大器性能得到改善。可见,差动放大器能有效地抑制温漂。

3. 静态工作点的计算

静态时，差分放大器的输入端不加信号 U_{id}，对于恒流源电路

$$I_R = 2I_{B4} + I_{C4} = \frac{2I_{C4}}{\beta} + I_{C4} \approx I_{C4} = I_o$$

故称 I_o 为 I_R 的镜像电流，其表达式为

$$I_o = I_R = \frac{-V_{EE} + 0.7\ \text{V}}{R + R_{e4}} \tag{2-12}$$

上式表明，恒定电流 I_o 主要由电源电压 $-V_{EE}$ 及电阻 R、R_{e4} 决定，与晶体管的特性参数无关。差分放大电路的传输特性曲线如图 2-44 所示。确定 I_o 时应靠近中心线性区。

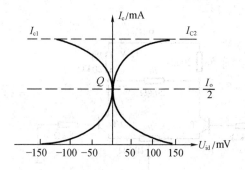

图 2-44　传输特性

对于差分对管 T_1、T_2 组成的对称电路，则有

$$I_{C1} = I_{C2} = \frac{I_o}{2} \tag{2-13}$$

$$U_{C1} = U_{C2} = V_{CC} - I_{C1}R_{C1} = V_{CC} - \frac{I_o R_{C1}}{2} \tag{2-14}$$

可见差分放大器的静态工作点主要由恒流源电流 I_o 决定。

2.3.3　设计范例

设计一个具有恒流源的单端输入 - 双端输出差动放大器。已知：$+V_{CC} = +12$ V，$-V_{EE} = -12$ V，$R_L = 20$ kΩ，$U_{id} = 20$ mV。性能指标要求：$R_{id} = 20$ kΩ，$A_{ud} > 20$，$K_{CMR} > 60$ dB。

2.3.3.1　设计过程

1. 确定电路连接方式及晶体管型号

题意要求共模抑制比较高，即电路的对称性要好，所以采用集成差分对管 BG319 或 FHIB，BG319 内部有 4 只特性完全相同的晶体管，引脚如图 2-45 所示。FHIB 内部有两只特性相同的晶体管，引脚如图 2-46 所示。图 2-47 为具有恒流源的单端输入 - 双端输出差分放大器电路，其中 T_1，T_2，T_3，T_4 为 BG319 的 4 只晶体管，$\beta_1 = \beta_2 = \beta_3 = \beta_4 = 60$。

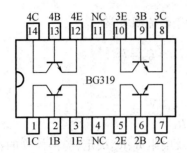

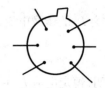

图 2-45　BG319 引脚图　　　　　图 2-46　FHIB 管脚图

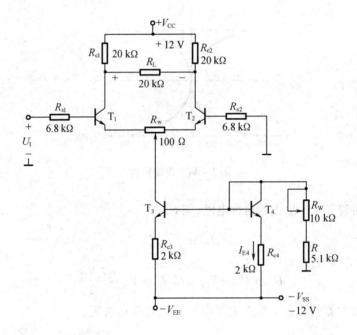

图 2-47　单端输入-双端输出差分放大电路图

2. 设置静态工作点计算元件参数

差动放大器的静态工作点主要由恒流源 I_o 决定,故一般先设定 I_o。I_o 取值不能太大,I_o 越小,恒流源越稳定,漂移越小,放大器的输入阻抗越高。但 I_o 也不能太小,一般为几毫安左右。

这里取 $I_o = 1$ mA,由式(2-12)、式(2-13)得

$$I_R = I_o = 1 \text{ mA}, I_{CQ1} = I_{CQ2} = \frac{I_o}{2} = 0.5 \text{ mA}$$

$$r_{be} = 300 \text{ }\Omega + (1+\beta)\frac{26 \text{ mV}}{I_o/2} = 3.4 \text{ k}\Omega$$

要求 $R_{id} > 20$ kΩ,即 $R_{id} = 2(R_{b1} + r_{be}) > 20$ kΩ,则 $R_{b1} > 6.6$ kΩ,取 $R_{b1} = R_{b2} = 6.8$ kΩ。

要求 $A_{ud} > 20$,$A_{ud} = \left| \frac{-\beta R_L'}{R_{b1} + r_{be}} \right| > 20$,取 $A_{ud} = 30$,则

$$R_L' = 6.7 \text{ k}\Omega$$

$$R_L' = R_c // \frac{R_L}{2}$$

$$R_c = \frac{R_L' \cdot R_L/2}{R_L/2 - R_L'} = 20.3 \text{ k}\Omega$$

取 $R_{c1} = R_{c2} = 20 \text{ k}\Omega$。

由式(2 – 14)得

$$U_{C1} = U_{C2} = U_{CC} - I_C R_C = 2 \text{ V}$$

U_{C1}、U_{C2} 分别为 T_1、T_2 集电极对地的电压,而基极对地的电压 U_{B1}、U_{B2} 则为

$$U_{B1} = U_{B2} = \frac{I_C}{\beta} R_{b1} = 0.08 \text{ V} \approx 0 \text{ V}$$

则
$$U_{E1} = U_{E2} \approx 0.7 \text{ V}$$

射极电阻不能太大,否则负反馈太强,使得放大器增益很小,一般取 $100 \ \Omega$ 左右的电位器,以便调整电路的对称性,现取 $R_{w1} = 100 \ \Omega$。

对于恒流源电路,其静态工作点和元件参数计算如下:

由式(2 – 14)得

$$I_R = I_0 = \frac{-U_{EE} + 0.7 \text{ V}}{R + R_E}$$

则
$$R + R_E = 11.3 \text{ k}\Omega$$

射极电阻 R_E 一般取几千欧,这里取 $R_{E3} = R_{E4} = 2 \text{ k}\Omega$,则 $R = 9 \text{ k}\Omega$。为调整 I_o 方便,R 用 $5.1 \text{ k}\Omega$ 固定电阻与 $10 \text{ k}\Omega$ 电位器 R_{w2} 串联。

3. 静态工作点的调整方法

将图 2 – 48 中所示电路左侧输入端①接地,用万用表测量差分对管 T_1、T_2 的集电极对地的电压 U_{C1}、U_{C2}。如果电路不对称,则 U_{C1} 与 U_{C2} 不等,应调整 R_{w1},使其满足 $U_{C1} = U_{C2}$,再测量电阻 R_{e3} 两端的电压,并调节 R_{w2},使 $I_0 = 2 \frac{U_{R_{e3}}}{R_{e3}}$,以满足设计要求值(如 1 mA)。

2.3.3.2　Multisim 仿真分析

1. 创建电路

在 Multisim 中创建差动放大电路,如图 2 – 48 所示。

2. 调节差动放大器零点

将左侧输入 U_i 幅度置为 0,如图 2 – 48 所示。R_{w1} 打在最左端,启动仿真,调节滑动变阻器的阻值,使万用表的数据为 0(尽量接近 0,如果不好调节,可以减小滑动变阻器的 Increment 值),然后测量每个三极管的各极对地电压,完成后填入表 2 – 21 中。

表 2 – 21

测量值 R_{w1} 在左端	T_1			T_2		
	C	B	E	C	B	E

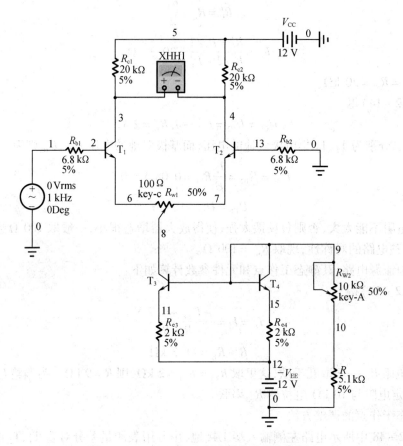

图 2 – 48　Multisim 中创建差动放大电路图

3. 测量差模电压放大倍数

如图 2 – 49 所示,将左侧输入 U_i 幅度置为 20 mV,把相应数据填入表 2 – 22。

表 2 – 22　差模和共模电压放大倍数仿真数据

	恒流源差动放大电路	
	双端输入	共模输入
U_i	20 mV	1 V
U_{C1}/V		
U_{C2}/V		
$U_o = U_{C1} - U_{C2}$		无
$A_{ud} = U_o/U_i$		无
$U_o = U_{C1} - U_{C2}$		无
$A_{uc} = U_o/U_i$	无	
$K_{CMR} = \vert A_{ud}/A_{uc} \vert$		

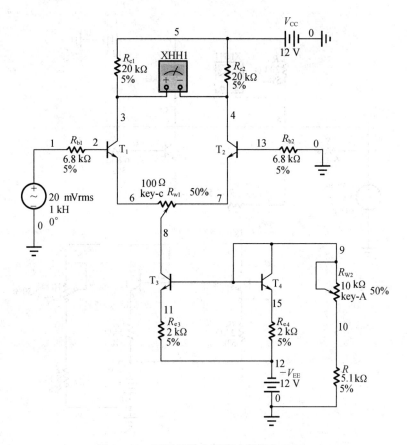

图 2-49　测量差模电压放大倍数电路图

4. 测量共模电压放大倍数

将差动放大电路的右侧输入端与左侧输入端连接在一起,构成共模输入方式,改变电路连接方式如图 2-50 所示。注意输入方式的连接,将仿真数据填入表 2-22。

2.3.4　设计选题

基本选题 A

设计一个典型的单入 - 双出差动放大电路。已知:电源电压为 ±12 V,输入信号是频率为 1 kHz 幅值为 20 mV 的交流信号,负载电阻 $R_L = 20$ kΩ。要求:当输入信号 $U_i = 100$ mV 时,输出电压不小于 2 V,$K_{CMR} > 40$ dB。

扩展选题 B

设计一个带有恒流源的单入 - 单出的差动放大电路。已知:电源电压为 ±12 V,输入信号是频率为 1 kHz 幅值为 20 mV 的交流信号,负载电阻 $R_L = 20$ kΩ。要求:$R_{id} > 10$ kΩ,$A_{ud} > 15$,$K_{CMR} > 50$ dB。

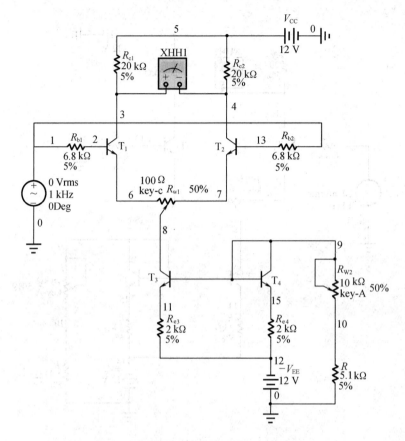

图 2-50 测量共模电压放大倍数电路图

2.3.5 预习思考题

1. 根据实验电路参数,估算典型差动放大器和具有恒流源的差动放大器的静态工作点及差模电压放大倍数(取 $\beta_1 = \beta_2 = 100$)。

2. 测量静态工作点时,放大器输入端 A、B 与地应如何连接?

3. 怎样进行 U_o 的静态调零?用什么仪表测量?

4. 为什么要求输入为零时输入端一定要接地?实际观察一次,并说明理由。

5. 实验中怎样获得双端和单端输入差模信号,怎样获得共模信号?画出 A、B 端与信号源之间的连接图。

6. 差动放大器中两管及元件对称对电路性能有何影响?

7. 为什么电路在工作前需进行零点调整?

8. 恒流源的电流 I_o 取大一些好还是取小一些好?

9. 用一固定电阻 $R_e = 1\ k\Omega$ 代替恒流源电路,即将 R_e 跨接在负电源和电位器 R_{w1} 滑动端之间,输入共模信号 $U_{id} = 500\ mV$,观察 U_{C1} 与 U_{C2} 波形,其大小、极性和共模抑制比 K_{CMR} 与恒流源电路相比有何区别,为什么?

10. 可否用交流毫伏表跨接在图 2-48 中输出端③与④之间(双端输出时)测差动放大

器的输出电压 U_{od},为什么?

11. 用一根短路线将 R_{w1} 短接,传输特性曲线有何变化,为什么? 如果用两只 100 Ω 电阻代替 R_{w1},传输特性又如何变化,为什么?

2.3.6　预习报告要求

1. 复习有关差动放大电路的内容。

2. 选择合适选题,画出电路图,写出完整的设计过程。

3. 按实验电路估算放大器的静态工作点(取 $\beta_1 = \beta_2 = 100$)。

4. 估算差动放大电路的差模放大倍数 A_{ud},差模输入电阻 R_{id} 和差模输出电阻 R_o;估算差动放大电路的共模放大倍数 A_{uc}。

5. 对设计电路进行仿真,确认是否能实现具体指标。

6. 了解差动放大电路共模抑制比的测量方法。

7. 拟定实验步骤和实验数据表格。记录仿真实验数据,需要通过仿真来验证实验步骤和实验数据表格是否合理。

8. 完成预习思考题。

2.3.7　实验内容和步骤

1. 基本选题 A

按图 2-41 连接实验电路,构成典型差动放大器。

(1)测量静态工作点

①调节放大器零点

信号源不接入,将放大器输入端 A、B 与地短接,接通 ±12 V 直流电源,用万用表的电压挡测量输出电压 U_o,调节调零电位器 R_w,使 $U_o = 0$。调节要仔细,力求准确。

②测量静态工作点

零点调好以后,用直流电压表测量 T_1、T_2 管各电极电位及射极电阻 R_E 两端电压 U_{R_E},填入表 2-23。

表 2-23　静态工作点数据

测量值	U_{C1}/V	U_{B1}/V	U_{E1}/V	U_{C2}/V	U_{B2}/V	U_{E2}/V	U_{R_E}/V
计算值	I_C/mA			I_B/mA		U_{CE}/V	

(2)测量差模电压放大倍数

将函数信号发生器的输出端接差动放大器输入端,信号源的地端(黑夹子)接差动放大器右侧输入端构成双端输入方式,将输入信号调为频率 $f = 1$ kHz 的正弦信号,并使信号源的幅度输出为零,用示波器监视输出端(集电极 C_1 或 C_2 与地之间)。

接通 ±12 V 直流电源,逐渐增大输入电压 U_i(约 20 mV),在输出波形无失真的情况下,

用交流毫伏表测 U_i，U_{c1}，U_{c2} 记入表 2 - 24 中，并观察 u_i，u_{c1}，u_{c2} 之间的相位关系。

(3)测量共模电压放大倍数

将放大器左右两侧输入端短接，信号源接 A 端与地之间，构成共模输入方式，调节输入信号使 $f=1$ kHz，$U_i = 1$ V，在输出电压无失真的情况下，测量 U_{c1} 和 U_{c2} 的值记入表 2 - 24，并观察 u_i，u_{c1}，u_{c2} 之间的相位关系及 U_{R_E} 随 U_i 改变而变化的情况。

表 2 - 24　动态指标数据

	典型差动放大电路	
	差模输入	共模输入
U_i	20 mV	1 V
U_{c1}/V		
U_{c2}/V		
$A_{d1} = \dfrac{U_{c1}}{U_i}$		无
$A_d = \dfrac{U_o}{U_i}$		无
$A_{c1} = \dfrac{U_{c1}}{U_i}$	无	
$A_c = \dfrac{U_o}{U_i}$	无	
$K_{CMR} = \left\| \dfrac{A_{d1}}{A_{c1}} \right\|$		

2. 扩展选题 B

提示：具有恒流源的差动放大电路的调试参考典型差放电路即可。调试时的相关注意事项请参考仿真范例。实验数据表格参照表 2 - 23、表 2 - 24 自行设计。

2.3.8　实验报告要求

1. 整理实验数据，列表比较实验结果、仿真测量和理论估算值，分析误差原因。
2. 说明通过本次实验后你对差动放大电路的理解和认识是否有所提高。

2.4　反馈放大器的设计实验

2.4.1　实验目的

(1)加深理解放大器中引入负反馈的方法和负反馈对放大器各项性能指标的影响。

（2）学会根据给定的技术指标要求设计两级负反馈放大器。

（3）进一步熟悉放大器各项性能指标的测量方法。

2.4.2　实验原理

将放大器输出信号（电压或电流）的一部分或全部，通过一定的方式送回到它的输入端，称为反馈，如图 2－51 所示。

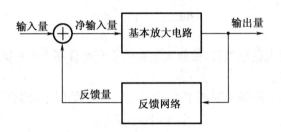

图 2－51　反馈放大电路方框图

图 2－52 为由三极管构成的两级电压串联负反馈放大电路。

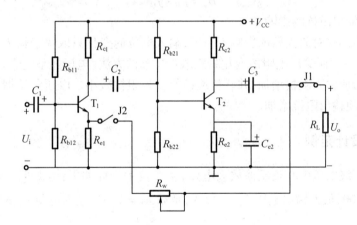

图 2－52　两级电压串联负反馈放大电路图

放大器引入负反馈后，使其性能指标参数得到改善。

1. 对放大倍数的影响

负反馈电路放大倍数的一般关系式为

$$A_f = \frac{A}{1 + AF} \qquad (2-15)$$

由式（2－15）可见，当放大器引入负反馈后，使放大倍数下降了 $1 + AF$ 倍，但放大倍数的稳定性都提高了 $1 + AF$ 倍，通常称 $1 + AF$ 为反馈深度。当 $AF \geq 1$ 时，则 $A_{uf} \approx \dfrac{1}{F}$，说明在深度负反馈时，放大倍数几乎与电路其他参数无关。

2. 对非线性失真及噪声的影响

当电路中加入负反馈后，放大电路的非线性失真将减小 $1 + AF$ 倍。同理，负反馈的方式也可以抑制载流子热运动所引起的晶体管和电阻等元件所产生的噪声,所抑制的倍数为 $1 + AF$ 倍。

3. 对放大器稳定性的影响

晶体管参数及电源电压等的变化,都会引起放大器的输出电压(或电流)的变化。引入负反馈后,若输入电压(或电流)增大,则反馈信号亦增大,促使输入信号减小,导致输出趋于减弱,从而起到自动调节输出的作用。

对 A_{uf} 的表达式求导可得数量关系为

$$\frac{\mathrm{d}A_{uf}}{A_{uf}} = \frac{1}{1 + A_u F} \frac{\mathrm{d}A_u}{A_u}$$

可见,放大电路引入负反馈后,使放大倍数的稳定度提高了 $1 + AF$ 倍。

4. 对通频带的影响

引入负反馈后,其上限频率提高了 $1 + A_u F$ 倍,下限截止频率降低了 $1 + A_u F$ 倍,即

$$f_{Hf} = (1 + A_u F) f_H$$

$$f_{Lf} = \frac{1}{1 + A_u F} f_L$$

其通频带为

$$B_w = f_{Hf} - f_{Lf} \tag{2-16}$$

5. 对输入、输出阻抗的影响

不同的反馈形式对放大器的影响不一样,输入电位的变化只取决于输入端反馈连接方式(串联还是并联),而输出电阻的变化只跟取得反馈的方法(电压还是电流)有关。

串联负反馈使输入阻抗增加,并联负反馈使输入阻抗减小。电压负反馈使输出阻抗减小,电流负反馈使输出阻抗增加。

2.4.3 设计范例

设计一个两级电压串联负反馈放大电路,主要技术指标如下:电源 $V_{CC} = 12$ V,闭环电压放大倍数为 100,最大输出电压 $U_{omax} = 2$ V,负载 $R_L = 2$ kΩ,输入电阻 $R_{if} > 10$ kΩ,频带为 20 Hz ~ 50 kHz。

2.4.3.1 设计过程

根据给定的电源电压 V_{CC}、闭环电压放大倍数 A_{uf}、最大输出电压(动态范围)U_{omax}、负载电阻 R_L 和输入电阻 R_{if}、通频带等技术指标要求设计两级负反馈放大器。首先从末级设计开始,根据负载情况,由电压放大倍数、电源电阻和动态范围来确定末级的静态工作点,从而确定其偏置电路参数。然后,再根据后级对前级的影响和要求向前设计输入级的静态工作点和偏置电路参数,计算开环电压放大倍数 A_u,从而根据 A_u 和 A_{uf} 确定负反馈电路参数。

1. 第二级(末级)的设计

(1)确定选用的三极管

确定选用的三极管型号及其 β 值,f_B,BU_{CEO},P_{CM} 等参数,以保证

$$f_B > (2 \sim 3) f_h, BU_{CEO} > V_{CC} P_{CM} > (1.5 \sim 2) I_{CQ} \cdot \frac{V_{CC}}{2}$$

类似 9013 系列高频小功率管均可满足要求。

（2）确定 R_{c2}

在输出级（末级）的设计中，R_{c2} 的选择应该从动态范围 U_{omax} 的要求来选择，使得末级的静态工作点刚好处于直流负载线与交流负载线的交点，亦即交流负载线的中点上，已知 U_{omax}，R_L，V_{CC}，则 R_{c2} 必须满足：

$$R_{c2} \leqslant \left(\frac{V_{CC} - U_{E2} - U_{CES}}{\sqrt{2}\,U_{omax}} - 2 \right) R_L$$

其中，U_{CES} 是三极管饱和管压降，一般小于 1 V，计算时取 1 V；$U_{E2} = 3 \sim 5$ V 锗管，$U_{E2} = 1 \sim 3$ V 硅管；R_{c2} 一般宜取 $1 \sim 10$ kΩ。

（3）确定 T_2 的静态工作点

I_{CQ2}，I_{BQ2}，U_{CEQ2} 由交流负载线中点位置确定，静态工作点电流最佳值一般为 $1 \sim 3$ mA。

$$I_{CQ2} \geqslant \frac{V_{CC} - U_{E2} - U_{CES} - \sqrt{2}\,U_{omax}}{R_{c2}}, \quad I_{BQ2} = \frac{I_{CQ2}}{\beta_2}, \quad U_{CEQ2} = V_{CC} - U_{EQ2} - I_{CQ2} R_{c2}, \quad I_{EQ2} \approx I_{CQ2}。$$ 由图 2 - 41

可得：$r_{be2} \approx r_{b'e2} + (1 + \beta_2) \dfrac{U_T}{I_{EQ2}}$，$A_{u2} = \beta_2 \dfrac{R'_{L2}}{r_{b'e2}}$，其中，$U_T = 26$ mV，$R'_{L2} = R_L /\!/ R_{c2}$。

然后验算一下 U_{CEQ2} 是否大于（$U_{omax} + U_{CE2}$），否则要适当减小 I_{CQ2}。

（4）确定偏置电阻 R_{E2}，R_{B21}，R_{B22}

因为 U_{E2} 已在第（2）步选定，所以 $R_{E2} = \dfrac{U_{E2}}{I_{EQ2}}$，流过 R_{B21}、R_{B22} 的电流 I_{R2} 应远大于 I_{BQ2}，取

$I_{R2} = (5 \sim 10) I_{BQ2}$，$U_{B2} = U_{E2} + U_{BE(on)}$，所以 $R_{B22} = \dfrac{U_{B2}}{I_{R2}}$，$R_{B21} = \dfrac{V_{CC} - U_{B2}}{I_{R2}}$。

2. 第一级（输入级）的设计

（1）选取三极管

同样可以选定 9013 系列高频小功率三极管，确定选用管子的 β 值。

（2）确定静态工作点

第一级输入信号幅度较小，工作点可以设低一些（I_{BQ1} 较小），但是由于 T_1 发射极加有 R_{f1}，使第一级的电压放大倍数下降较多，为此要获得一定的电压放大倍数 I_{CQ1} 可稍大一些，一般取 $0.5 \sim 1$ mA。确定 I_{CQ1} 后，则 $I_{BQ1} = \dfrac{I_{CQ1}}{\beta_1}$，$I_{EQ1} \approx I_{CQ1}$，$r_{be1} \approx r_{b'e1} + (1 + \beta_1) \dfrac{U_T}{I_{EQ1}}$。

（3）确定偏置电阻 R_{E1}，R_{B11}，R_{B12}

选取 $I_{R1} = (5 \sim 10) I_{BQ1}$，$U_{B1} = (5 \sim 10) U_{BE(on)}$，则 $U_{E1} = U_{B1} - U_{BE(on)}$，由图 2 - 41 得

$$R_{E1} + R_{f1} = \frac{U_{E1}}{I_{R1}}$$

$$R_{B12} = \frac{U_{B1}}{I_{R1}}$$

$$R_{B11} = \frac{V_{CC} - U_{B1}}{I_{R1}}$$

R_{f1} 不能取得太小，否则 A_{u1} 太低，一般可取 $30 \sim 500$ Ω，则 $R_{E1} = \dfrac{U_{E1}}{I_{EQ1}} - R_{f1}$。

（4）确定 R_{C1}

第二级的电压放大倍数已经确定，因此考虑 R_{C1} 的取值时主要考虑第一级应达到的电

压放大倍数，以使整机的开环电压放大倍数 A_u 大于给定的整机闭环电压放大倍数 A_{uf}。由 $A_{u1} = \dfrac{A_u}{A_{u2}}$，$A_u > A_{uf}$ 两式可确定 A_{u1}，然后再由 $A_{u1} = \dfrac{\beta_1 R'_{L1}}{r_{be1} + (1 + \beta_1) R_{f1}}$ 来确定 R_{C1}。其中，$R'_{L1} = R_{C1} /\!/ R_{i2}$，$R_{i2}$ 是第二级的输入电阻，$R_{i2} = R_{B21} /\!/ R_{B22} /\!/ r_{be2}$。

（5）确定电容 C_1，C_2，C_3，C_{E1}，C_{E2}

$$C_1 = C_2 = C_3 = 5 \sim 20 \ \mu F, C_{E1} = C_{E2} = 50 \sim 200 \ \mu F$$

3. 确定负反馈支路

由 $A_{uf} = \dfrac{A_u}{1 + A_u F}$，可得 $F = \dfrac{A_u - A_{uf}}{A_u A_{uf}}$。又因为 $F = \dfrac{R_{e1}}{R_{e1} + R_f}$，所以可以计算得

$$R_f = \frac{(1 - F) R_{e1}}{F} = \frac{(A_u A_{uf} - A_u + A_{uf}) R_{e1}}{A_u A_{uf} F}$$

C_f 一般取经验值，$C_f = 10 \sim 20 \ \mu F$。

2.4.3.2　Multisim 仿真分析

1. 启动 Multisim，并创建如图 2 – 53 所示电路。其中，J_2 为控制电路反馈是否引入的开关，而 J_1 为控制空载带载的开关。

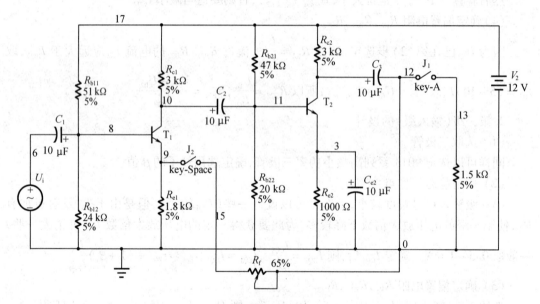

图 2 – 53　两级反馈的放大电路仿真示意图

2. 调节信号发生器 U_i 的大小，使输出端 12 在开环情况（打开 J_2）下输出不失真。

3. 启动直流工作点分析，记录数据，填入表 2 – 25。

表 2 – 25　反馈放大电路静态工作点的仿真数据

三极管 T_1			三极管 T_2		
U_{BQ}	U_{CQ}	U_{EQ}	U_{BQ}	U_{CQ}	U_{EQ}

4. 交流指标测试,按照表 2 - 26 的提示完成测量。

表 2 - 26　交流指标的仿真数据

	R_L	U_i	U_o	A_u
开环(J_2 打开)	$R_L \rightarrow \infty$(J_1 打开)			
	$R_L = 1.5$ kΩ(J_1 闭合)			
闭环(J_2 闭合)	$R_L =$ 无穷(J_1 打开)			
	$R_L = 1.5$ kΩ(J_1 闭合)			

5. 测试放大频率特性

(1)如图 2 - 54 所示,从菜单仿真中进入交流分析。

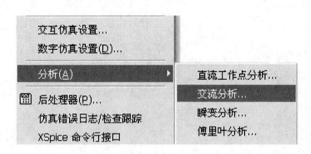

图 2 - 54　交流分析图

(2)如图 2 - 55 所示,输入频率参数。

(3)点击图 2 - 56 所示工具栏频响曲线按钮。

(4)如图 2 - 57 所示,出现频响曲线。

图 2 - 57 中最右侧的小箭头是可以上下移动的,边框里的数据也随之改变,记录开环时的图形和闭环时的图形,并填入表 2 - 27。

表 2 - 27　反馈放大电路的频响数据

开环		闭环	
f_L	f_H	f_L	f_H

f_L,f_H 是幅频曲线图中最大值的 0.707 倍,如图 2 - 58 所示,$f_H - f_L$ 就是带宽。

2.4.4　设计选题

基本选题:设计一个两级电压串联负反馈放大电路。主要技术指标:电源 $V_{CC} = 12$ V,闭环电压放大器倍数为 100,最大输出电压 $U_{omax} = 2$ V,负载 $R_L = 2$ kΩ,输入电阻 $R_{if} > 10$ kΩ,频带 20 Hz ~ 50 kHz。

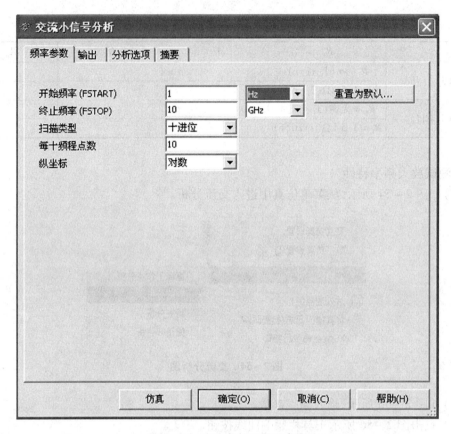

图 2-55 交流参数设置示意图

图 2-56 工具栏频响按钮示意图

2.4.5 预习思考题

1. 放大电路引入电压串联负反馈,其性能发生什么变化?
2. 怎样把负反馈放大器接成基本放大器?为什么要把 R_f 并接在输入端和输出端?
3. 如按深度负反馈估算,则闭环电压放大倍数 A_{uf} 和测量值是否一致,为什么?
4. 如输入信号存在失真,能否用负反馈来改善?

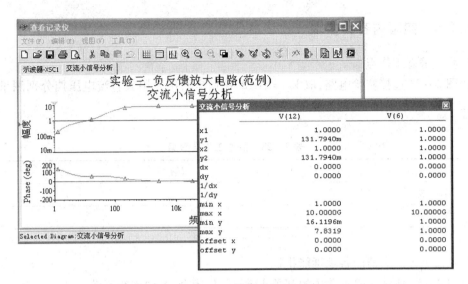

图 2 - 57　频响曲线图

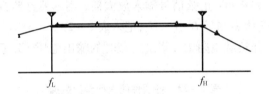

图 2 - 58　f_H 和 f_L 仿真结果图

2.4.6　预习报告要求

1. 复习有关负反馈放大器的内容。

2. 选择合适选题,画出电路图,写出完整的设计过程。

3. 按实验电路估算放大器的静态工作点(取 $\beta_1 = \beta_2 = 100$)。

4. 估算基本放大器的 A_u,R_i 和 R_o,估算负反馈放大器的 A_{uf},R_{if} 和 R_{of}。

5. 对设计电路进行仿真,确认是否能实现具体指标。

6. 自行拟定实验步骤和实验数据表格。记录仿真实验数据,需要通过仿真来验证实验步骤和实验数据表格是否合理。

7. 完成预习思考题。

2.4.7　实验注意事项

1. 注意电压串联负反馈放大电路的接法。

2. 断电接线,检查线路无误后再通电实验。

3. 在用示波器观察最大不失真输出波形时,若出现信号幅度不稳定、非正弦或高频自激等现象,要加以排除后方可进行下一步实验。

2.4.8 实验内容和步骤

1. 测量静态工作点

按图 2-53 连接实验电路,取 $V_{CC} = +12$ V, $U_i = 0$,用万用表直流电压挡分别测量第一级、第二级的静态工作点,记入表 2-28。

表 2-28 静态工作点数据

	U_{BQ}/V	U_{EQ}/V	U_{CQ}/V
第一级			
第二级			

2. 测试基本放大器的各项性能指标

将图 2-53 所示实验电路中的开关 J_2 断开, J_1 闭合,其他连线不动。

(1)测量中频电压放大倍数 A_u、输入电阻 R_i 和输出电阻 R_o

① 以 $f = 1$ kHz, U_s 约 4 mV 正弦信号输入放大器,用示波器监视输出波形 U_o,在 U_o 不失真的情况下,用交流毫伏表测量 U_s, U_i, U_o,记入表 2-29。

②保持 U_s 不变,断开负载电阻 R_L,测量空载时的输出电压 U_o',记入表 2-29。

表 2-29 各项性能指标参数数据

基本放大器	U_s/mV	U_i/mV	U_o/V	U_o'/V	A_u	$R_i/k\Omega$	$R_o/k\Omega$
负反馈放大器	U_s/mV	U_i/mV	U_o/V	U_o''/V	A_{uf}	$R_{if}/k\Omega$	$R_{of}/k\Omega$

(2)测量通频带

接上 R_L,保持 U_s 不变,然后增加和减小输入信号的频率,找出上、下限频率 f_H 和 f_L,记入表 2-30。

表 2-30 频响指标测量数据

基本放大器	f_L/kHz	f_H/kHz	$\Delta f/kHz$
负反馈放大器	f_{Lf}/kHz	f_{Hf}/kHz	$\Delta f_f/kHz$

3. 测试负反馈放大器的各项性能指标

将图 2-53 所示实验电路中的开关 J_2 闭合,其他连线不动。适当加大 U_s(约 10 mV),在输出波形不失真的条件下,测量负反馈放大器的 A_{uf}、R_{if} 和 R_{of},记入表 2-29;测量 f_{Hf} 和

f_{Lf},记入表 2 – 30。

4. 观察负反馈对非线性失真的改善

（1）实验电路改接成基本放大器形式,在输入端加入 f = 1 kHz 的正弦信号,输出端接示波器,逐渐增大输入信号的幅度,使输出波形开始出现失真,记下此时的波形和输出电压的幅度。

（2）再将实验电路改接成负反馈放大器形式,增大输入信号幅度,使输出电压幅度的大小与（1）相同,比较有负反馈时输出波形的变化。

2.4.9　实验报告要求

1. 整理实验数据,列表比较实验结果、仿真数据和理论估算值,分析误差原因。

2. 根据实验结果,总结电压串联负反馈对放大器性能的影响。

3. 说明通过本次实验后你对多级放大器和反馈放大器的理解。

第3章

集成运算放大器的基本设计型实验

3.1 运放的线性应用(1)——比例放大电路的设计和调试

3.1.1 实验目的

(1)掌握集成运算放大器的工作原理,以及它在比例放大(同相和反相)电路中的应用。

(2)掌握比例放大电路参数测量方法及性能分析。

(3)了解运算放大器在实际应用时应考虑的一些问题,学会电路调试的方法和步骤,并学会在实际电路中发现问题和解决问题。

3.1.2 实验原理

3.1.2.1 集成运放概述

1.集成运放的分类

(1)按制造工艺分类

按制造工艺分为双极型、单极型和混合型。

①双极型运效

双极型运放一般输入偏置电流及器件功耗较大,但由于采用多种改进技术,所以种类多功能强,如 LM358,LM324,OP07。

②单极型运放

单极型运放输入阻抗高、功耗小,可在低电源电压下工作,初期产品精度低、增益小、速度慢,但目前已有低失调电压、低噪声、高速度、强驱动能力的产品,如 ICL7650,OPA333,OPA2333,MC14573。

③混合型运放

混合型运放采用双极型管与单极型管混合搭配的生产工艺,以场效应管作输入级,使输入电阻高达 10^{12} Ω 以上,如 CA3140、TL082。

(2)按供电方式分类

按供电方式分为双电源供电和单电源供电。

绝大多数集成运放都是采用双电源供电工作,在双电源供电中又分正、负电源对称型和不对称型供电。双电源供电的集成运放有正、负供电系统,必然增加设备的体积和质量,因此在某些场合需要单电源工作的运放,如航空航天及野外,对电源的体积、质量要求轻的电子设备。若用单电源,则需在电路上采取分压的办法,主要产品有 F3140,F124,F158,F358,7XC348,SF324 等。

(3)按工作原理分类

按工作原理分为电压型、电流型、跨导型和互阻型。

①电压型运放

电压型运放实现电压放大,输出回路等效成由电压 u_1 控制的电压源 $u_0 = A_{od}u_1$,如F007,F324,C14573。

②电流型运放

电流型运放实现电流放大,输出回路等效成由电流 i_1 控制的电流源 $i_0 = A_i i_1$,如LM3900、F1900。

③跨导型运放

跨导型运放将输入电压转换成输出电流,输出回路等效成由电压 u_1 控制的电流源 $i_0 = A_{iu}u_1$,跨导可以通过外加偏置的方法来改变,输出电流能够在很宽范围内变化,如 F3401,MC3401,LM3900。

④互阻型运放

互阻型运放将输入电流转换成输出电压,输出回路等效成由电流 i_1 控制的电压源 $u_0 = A_{ui}i_1$,此类运放输出电阻很小,通常为几十欧,如 AD8009、AD8011。

(4)按性能指标分类

按性能指标分为通用型和专用型。

①通用型

通用型运算放大器就是以通用为目的而设计的。这类器件的主要特点是价格低廉、产品量大面广,其性能指标适合于一般性使用。

由于集成运放特性参数的指标在不断提高,现在的和过去的通用型集成运放的特性参数的标准并不相同。相对而言,在特性参数中具有某些优良特性的集成运放称为特殊型或专用型。由于各生产厂家或公司的分类方法不同,在这个厂定为特殊型的,而在另一个厂家可能定为通用型。且特殊型性能标准也在不断提高,过去定为特殊型的,现在可能定为通用型。下面介绍的方法只能作为大致的标准,在选用器件时,还是应该以特性参数值作为选择器件的标准。

根据增益的高低可分为低增益(开环电压增益在 60 ~ 80 dB)的通用 Ⅰ 型,主要产品有F001,4E314,X50,BG301,5G922,FC1,FC31,μA702 等;中增益(开环电压增益在 80 ~ 100 dB)的通用 Ⅱ 型,主要产品有 F709,F004,F005,4E304,4E320,X52,8FC2,8FC3,56006,BC305,FC52,μA7093 等;高增益(开环电压增益大于 100 dB)的通用 Ⅲ 型,主要产品有F741, F101, F301, F1456, F108, XFC77, XFC81, XFC82, F006, F007, F008, 4E322, 8FC4,7XC141,5624,XFC51,4E322,等。

目前应用最为广泛的集成运算放大器主要有 μA741(单运放)、LM358(双运放)、LM324(四运放)及以场效应管为输入级的 LF356。

②专用型

为满足一些特定参数指标而专门设计的运放,根据比较常用的技术指标而特别命名的,最常用的有高阻型、低温漂型、高速型、低功耗型、高压大功率型,还有低噪声型、组件型、程控型等。

a. 高阻型

这类集成运算放大器的特点是,差模输入阻抗非常高,输入偏置电流非常小,一般 $R_{id} > 1\ G\Omega \sim 1\ T\Omega$,输入偏置 I_B 为几皮安到几十皮安。实现这些指标的主要措施是,利用场效应管高输入阻抗的特点,用场效应管组成运算放大器的差分输入级。用场效应管作输入级,不仅输入阻抗高,输入偏置电流低,而且具有高速、宽带和低噪声等优点,但输入失调电压较大。常见的集成器件有 LF355、LF347(四运放)及更高输入阻抗的 CA3130、CA3140 等。

b. 低温漂型

在精密仪器、弱信号检测等自动控制仪表中,总是希望运算放大器的失调电压小且不随温度的变化而变化。低温漂型运算放大器就是为此而设计的。目前常用的高精度、低温漂运算放大器有 OP07,OP27,AD508 及由 MOSFET 组成的低漂移器件 ICL7650 等。

c. 高速型

在快速 A/D 和 D/A 转换器、视频放大器中,要求集成运算放大器的转换速率 SR 一定要高,单位增益带宽 BWG 一定要足够大,通用型集成运放是不能适合于高速应用的场合的。高速型运算放大器的主要特点是,具有高的转换速率和宽的频率响应。常见的运放有 LM318、μA715 等,其 $SR = 50 \sim 70\ V/ms$,$BWG > 20\ MHz$。

d. 低功耗型

因为电子电路集成化的最大优点是能使复杂电路小型轻便,所以随着便携式仪器应用范围的扩大,必须使用低电源电压供电、低功率消耗的运算放大器。常用的运算放大器有 TL-022C、TL-060C 等,其工作电压为 ±2 V ~ ±18 V,消耗电流为 50 μA ~ 250 μA。目前有的产品功耗已达 μW 级,例如,ICL7600 的供电电源为 1.5 V,功耗为 10 mW,可采用单节电池供电。

e. 高压大功率型

运算放大器的输出电压主要受供电电源的限制。在普通的运算放大器中,输出电压的最大值一般仅几十伏,输出电流仅几十毫安。若要提高输出电压或增大输出电流,集成运放外部必须要加辅助电路。高压大电流集成运算放大器外部不需附加任何电路,即可输出高电压和大电流。例如,D41 集成运放的电源电压可达 ±150 V,μA791 集成运放的输出电流可达 1 A。

f. 低噪声型

在对微弱信号进行放大时,集成运放的噪声特性就是一项重要的特性参数。一般等效输入电压在 2 pV 以下者为低噪声型,这类产品有 F5037,XFC88 等。

g. 组件型

组件型集成运放是利用单片式集成电路和分立元件组合而成的一种具有独特性能的电路,其电气性能可远远超过同类型的产品,因此它是一种发展很快而又具有广阔前景的一类电路。组件型集成运放并不局限于某一特定性能,比较常见的品种有低漂移静电型放大器、数据放大器等。其闭环增益固定为 10 倍、100 倍、1000 倍等,也可用外接的电位器进行调整,它的失调电压温漂小,共模抑制比高,广泛用于仪器仪表中作为前置放大器,主要产品有 AD605 等。

h. 程控型

程控型集成运放能用外部电路控制其工作状态。当偏置电流值改变时,这种集成运放的参数也将随着变化,使用灵活,特别适用于测量电路。

2. 集成运算放大器的主要参数

(1)共模输入电阻(RINCM)

该参数表示运算放大器工作在线性区时,输入共模电压范围与该范围内偏置电流的变化量之比。

(2)直流共模抑制(CMRDC)

该参数用于衡量运算放大器对作用在两个输入端的相同直流信号的抑制能力。

(3)交流共模抑制(CMRAC)

该参数用于衡量运算放大器对作用在两个输入端的相同交流信号的抑制能力,是差模开环增益除以共模开环增益的函数。

(4)增益带宽积(GBW)

增益带宽积是一个常量,定义为运算放大器的增益幅值与通频带乘积。

(5)输入偏置电流(IB)

该参数指运算放大器工作在线性区时流入输入端的平均电流。

(6)输入偏置电流温漂(TCIB)

该参数代表输入偏置电流在温度变化时产生的变化量,通常以 pA/℃ 为单位表示。

(7)输入失调电流(IOS)

该参数是指流入两个输入端的电流之差。

(8)输入失调电流温漂(TCIOS)

该参数代表输入失调电流在温度变化时产生的变化量,通常以 pA/℃ 为单位表示。

(9)差模输入电阻(RIN)

该参数表示输入电压的变化量与相应的输入电流变化量之比,电压的变化导致电流的变化。在一个输入端测量时,另一个输入端接固定的共模电压。

(10)输出阻抗(ZO)

该参数是指运算放大器工作在线性区时,输出端的内部等效小信号阻抗。

(11)输出电压摆幅(VO)

该参数是指输出信号不发生饱和条件下能够达到的最大电压摆幅的峰峰值,一般定义在特定的负载电阻和电源电压下。

(12)功耗(Pd)

该参数表示器件在给定电源电压下所消耗的静态功率,通常定义在空载情况下。

(13)电源抑制比(PSRR)

该参数用来衡量在电源电压变化时运算放大器保持其输出不变的能力,通常用电源电压变化时所导致的输入失调电压的变化量表示。

(14)转换速率/压摆率(SR)

该参数是指输出电压的变化量与发生这个变化所需时间之比的最大值,通常以 V/μs 为单位表示。

(15)电源电流(ICC、IDD)

该参数是在指定电源电压下器件消耗的静态电流,通常定义在空载情况下。

(16)单位增益带宽(BWG)

该参数指开环增益大于1时运算放大器的最大工作频率。

(17)输入失调电压(VOS)

该参数表示使输出电压为零时需要在输入端作用的电压差。

(18)输入失调电压温漂(TCVOS)

该参数指温度变化引起的输入失调电压的变化,通常以 μV/℃ 为单位表示。

(19)输入电容(CIN)

该参数表示运算放大器工作在线性区时任何一个输入端的等效电容(此时另一个输入端需接地)。

(20)输入电压范围(VIN)

该参数指运算放大器正常工作(可获得预期结果)时,所允许的输入电压的范围,通常定义在指定的电源电压下。

(21)输入电压噪声密度(EN)

对于运算放大器,输入电压噪声可以看作连接到任意一个输入端的串联噪声电压源,通常以 nV/$\sqrt{\text{Hz}}$ 为单位表示。

(22)输入电流噪声密度(IN)

对于运算放大器,输入电流噪声可以看作两个噪声电流源,连接到每个输入端和公共端,通常以 pA/$\sqrt{\text{Hz}}$ 为单位表示,定义在指定频率。

3. 集成运放说明书的阅读

以运放 OP07E 为例说明如何从说明书中读取运放的特点及参数。图 3 - 1 是截取了 OP07E 数据手册中器件典型特征的描述。

FEATURES

Low V$_{OS}$: 75 μV maximum

Low V$_{OS}$ drift: 1.3 μV/°C maximum

Ultrastable vs. time: 1.5 μV per month maximum

Low noise: 0.6 μV p-p maximum

Wide input voltage range: ±14 V typical

Wide supply voltage range: 3 V to 18 V

图 3 - 1 运放 OP07E 的特点

通过阅读图 3 − 1 运放 OP07E 的特点,明确该器件的类型,并得到以下信息。

Low V_{OS}:低输入失调电压,最大为 75 μV。

Low V_{OS} drift:低输入失调电压温漂,最大为 1.3 μV/℃。

Ultrastable vs. time:超稳定时间,最大为 1.5 μV/month。

Low noise:低噪声,最大为 0.6 $μV_{P-P}$。

Wide input voltage range:宽输入电压范围,±14 V。

Wide supply voltage range:宽电源电压范围,3 ~ 18 V。

SPECIFICATIONS
OP07E ELECTRICAL CHARACTERISTICS OPO7E 电气特性参数

V_s = ± 15 V,unless otherwise noted.

Parameter	Symbol	Conditions	Min	Type	Max	UNit
INPUT CHARACTERISTICS						
T_A = 25 ℃						
INPUT Offset Voltage	V_{os}			30	75	μV
Long − Term Vos Stability	V_{os}/Time			0.3	1.5	μV/Month
Input Offset Current	I_{os}			0.5	3.8	nA
Input Bias Current	I_s			±1.2	±1.4	nA
Input Noise Voltage	e_{np-p}	0.1 Hz to 10 Hz		0.35	0.6	μV p − p
Input Noise Voltage Density	e_n	f_o = 10 Hz		10.3	18.0	nV/√Hz
		f_o = 100 Hz		10.0	13.0	nV/√Hz
		f_o = 1 kHz		9.6	11.0	nV/√Hz
Input Noise Current	I_{np-p}			14	30	pA p − p
Input Noise Current Density	I_n	f_o = 10 Hz		0.32	0.80	pA/√Hz
		f_o = 100 Hz		0.14	0.23	pA/√Hz
		f_o = 100 Hz		0.14	0.23	pA/√Hz
Input Resistance,Differential Mode[1]	R_{IN}		15	50		MΩ
Input Resistance,Common Mode	R_{INOM}			160		GΩ
Input Voltage Range	IVR		±13	±14		V
Common − Mode Rejection Ration	CMRR	V_{CM} = ± 13 V	106	123		dB
Power Supply Rejection Ration	PSRR	V_s = ± 3 V to ± 18 V		5	20	μV/V
Large Signal Voltage Gain	A_{vo}	$R_L ⩾ 2$ kΩ,V_o = ± 10 V	200	500		V/mV
		$R_L ⩾ 500$ Ω,V_o = ± 0.5 V,V_s = ± 3 V	150	400		V/mV

(a)

Parameter	Symbol	Conditions	Min	Type	Max	Unit
OUTPUT CHARACTERISTICS						
$T_A = 25\ ℃$						
Output Voltage Swing	V_o	$R_L \geqslant 10\ kΩ$	±12.5	±13.0		
		$R_L \geqslant 2\ kΩ$	±12.0	±12.8		V
		$R_L \geqslant 1\ Ω$	±10.5	±12.0		V
$0\ ℃ \leqslant T_A \leqslant 70\ ℃$						
Output Voltage Swing	V_o	$R_L \geqslant 2\ kΩ$	±12	±12.6		V

(b)

Parameter	Symbol	Conditions	Min	Type	Max	Unit
DY AMIC PERFORMA CE						
$T_A = 25\ ℃$						
Slew Rate	SR	$R_L \geqslant 2\ kΩ$	0.1	0.3		V/μs
Closed - Loop Bandwidth	BW	$A_{VOL} = 1^3$	0.4	0.6		MHz
Open - Loop Output Resistance	R_o	$V_o = 0.1\ I_o = 0$		60		Ω
Power Consumption	P_d	$V_S = ±15\ V, No\ load$		75	120	mW
		$V_s = ±3\ V, No\ load$		4	6	mW
Offset Adjustment Range		$R_p = 20\ Ω$		±4		mV

(c)

图 3 - 2　运放 OP07E 说明书

(a)运放 OP07E 输入端参数;(b)运放 OP07E 输出端参数;(c)运放 OP07E 动态特性

图 3 - 2 为运放 OP07E 的数据手册一些常用参数的特征,说明书首先标明了运放 OP07E 的工作条件,$V_S = ±15\ V$ 是指双电源正负 15 V 供电,$T_A = 25\ ℃$ 是指在环境温度为 25 ℃ 的情况下,图 3 - 2(a)运放 OP07E 输入端参数中包括以下内容:

①Input Offset Voltage——输入失调电压;

②Long - Term V_{OS} Stability——长期输入失调电压的稳定性;

③Input Offset Current——输入失调电流;

④Input Bias Current——输入偏置电流;

⑤Input Noise Voltage——输入噪声电压;

⑥Input Noise Voltage Density——输入噪声电压密度;

⑦Input Noise Current——输入噪声电流;

⑧Input Noise Current Density——输入噪声电流密度;

⑨Input Resistance, Differential Mode——差模输入电阻;

⑩Input Resistance, Common Mode——共模输入电阻;

⑪Input Voltage Range——输入电压范围;

⑫Common - Mode Rejection Ration——共模抑制比;

⑬Power Supply Rejection Ration——电源抑制比;

⑭Large Signal Voltage Gain——大信号电压增益。

图 3 - 2(b)运放 OP07E 输出端参数中只包含一项内容:Output Voltage Swing(输出电压摆幅),并列举了不同温度下的情况。图 3.2(c)运放 OP07E 动态特性中包含以下内容:

①Slew Rate——转换速率;

②Closed - Loop Bandwidth——闭环带宽;

③Open - Loop Output Resistance——开环输出电阻;

④Power Consumption——功耗;

⑤Offset Adjustment Range——失调电压调整范围。

4. 集成运放的选取

在由运算放大器组成的各种系统中,由于应用要求不一样,对运算放大器的性能要求也不一样。在没有特殊要求的场合,尽量选用通用型集成运放,这样既可降低成本,又容易保证货源。当一个系统中使用多个运放时,尽可能选用多运放集成电路,例如 LM324、LF347 等都是将四个运放封装在一起的集成电路。

评价集成运放性能的优劣,应看其综合性能。一般用优值系数 K 来衡量集成运放的优良程度,其定义为

$$K = \frac{SR}{I_{ib} V_{OS}}$$

式中,SR 为转换速率,单位为 V/ms,其值越大,表明运放的交流特性越好;I_{ib} 为运放的输入偏置电流,单位是 nA;V_{OS} 为输入失调电压,单位是 mV。I_{ib} 和 V_{OS} 值越小,表明运放的直流特性越好。所以,对于放大音频、视频等交流信号的电路,选 SR 大的运放比较合适;对于处理微弱的直流信号的电路,选用精度比较高的运放比较合适(即失调电流、失调电压及温漂均比较小)。

实际选择集成运放时,除优值系数要考虑之外,还应考虑其他因素。例如,信号源的性质,是电压源还是电流源;负载的性质,集成运放输出电压和电流是否满足要求;环境条件,集成运放允许的工作范围、工作电压范围、功耗与体积等因素是否满足要求。

如果用运放搭建反相比例放大器,电压增益为 20 dB 时,带宽大于 100 kHz,能否使用运放 OP07 来完成呢? 要回答这个问题就得知道运放 OP07 的闭环带宽(BW)是多少,通过查阅参数表确定是 0.6 MHz,而设计指标中 20 dB 是 10 倍,那么增益带宽是 1 MHz,所以用 OP07 不能够完成要求的反相比例放大器,需要选择闭环带宽(BW)大于 1 MHz 的运放,考虑到应该留有裕度,可以选 LM324 闭环带宽(BW)为 1.2 MHz。

如果用运放 LM324A 搭建电压跟随器,当输出端负载为 100 Ω 时,输出电压能否达到 5V 以上呢? 要回答这个问题需要查阅 LM324A 的数据手册(如图 3 - 3),发现 Output Current 输出电流标准值为 40 mA,也就是说 LM324A 能够提供的最大输出电流为 40 mA,当输出端负载为 100 Ω 时,输出最大电压为 4 V,所以不能达到 5 V 以上。需要选择输出电流大于 50 mA 的运放,比如 LM4562 输出电流可以到达 50 mA 以上。所以,Output Current 输出电流体现了运放的"负载能力"。

Electrical Characteristics (Continued)

$V^- = +5.0$ V, (Note 7), unless otherwise stated

Parameter		Conditions	LM124A			LM224A			LM324A			Units
			Min	Typ	Max	Min	Typ	Max	Min	Typ	Max	
Power Supply Rejection Ration		$V^- = 5$ V to 30V (LM2902, $V^- = 5$ V to 20 V) $T_A = 25$ ℃	65	100		65	100		65	100		dB
Amplifier-to-Amplifier coupling (Note 11)		$f = 1$ kHz to 20 kHz, $T_A = 20$ ℃ (Input Referred)		−120			−120			−120		dB
Output Current	Source	$V_{IN}^+ = 1$ V, $V_{IN}^- = 0$ V $V^+ = 15$ V, $V_o = 2$ V, $T_A = 25$ ℃	20	40		20	40		20	40		mA
	Sink	$V_{IN}^- = 1$ V, $V_{IN}^+ = 0$ V $V^+ = 15$ V, $V_o = 2$ V, $T_A = 25$ ℃	10	20		10	20		10	20		mA
		$V_{IN}^- = 1$ V, $V_{IN}^+ = 0$ V $V^+ = 15$ V, $V_o = 200$ mV, $T_A = 25$ ℃	12	50		12	50		12	50		µA
Short Circuit to Ground		(Note 5) $V^+ = 15$ V, $T_A = 25$ ℃		40	60		40	60		40	60	mA
Input Offset Voltage		(Note 8)			4			4			5	mV
Vos Drift		$R_s = 0$ Ω		7	20		7	20		7	30	µV/C
Input Offset Current		$I_{IN(+)}$ or $I_{IN(-)}$		40	100		40	100		40	200	nA
Ios Drift		$R_s = 0$ Ω		10	200		10	200		10	300	pA/C
Input Common-Mode Voltage Range (Note 10)		$V^+ = +30$ V (LM2902, $V^+ = 26$ V)	0		$V^+ - 2$	0		$V^+ - 2$	0		$V^+ - 2$	V
Large Signal Voltage Gain		$V^+ = +15$ V (V_o Swing = 1 V to 11 V) $R_L \geq 2$ kΩ	25			25			15			V/mV
Output Voltage Swing	V_{OH}	$V^+ = 30$ V (LM2902, $V^+ = 26$ V) $R_L = 2$ kΩ	26	28		26	28		26	28		V
	V_{OH}	$R_L = 10$ kΩ	27	28		27	28		27	28		V
	V_{OL}	$V^+ = 5$ V, $R_L = 10$ kΩ		5	20		5	20		5	20	mV
Output Current	Source	$V_{IN}^+ = +1$ V $V_{IN}^- = 0$ V $V^- = 15$V	10	15		10	20		10	20		A
	Sink	$V_{IN}^- = +1$ V $V_{IN}^+ = 0$ V $V^- = 15$ V	5	8		5	8		5	8		A

图 3 - 3　运放 LM324A 数据手册摘录

3.1.2.2　基本运算电路

1. 反相比例运算电路

反相比例运算电路如图 3-4 所示。对于理想运放,该电路的输出电压与输入电压之间的关系为

$$U_o = -\frac{R_F}{R_1} U_i$$

为了减小输入级偏置电流引起的运算误差,在同相输入端应接入平衡电阻 $R_2 = R_1 /\!/ R_F$。

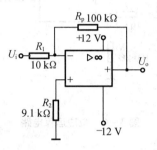

图 3-4　反相比例运算电路

2. 同相比例运算电路

图 3-5(a) 是同相比例运算电路,它的输出电压与输入电压之间的关系为

$$U_o = \left(1 + \frac{R_F}{R_1}\right) U_i$$

其中　　　　　　　　　　　　$$R_2 = R_1 /\!/ R_F$$

当 $R_1 \to \infty$ 时,$U_o = U_i$,即得到如图 3-5(b) 所示的电压跟随器。图 3-5(b) 中 $R_2 = R_F$,用以减小漂移和起保护作用。一般 R_F 取 10 kΩ, R_F 太小起不到保护作用,太大则影响跟随性。

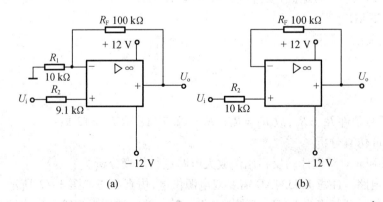

| (a) | (b) |

图 3-5　同相比例运算电路

(a)同相比例运算电路;(b)电压跟随器

3. 差动放大电路(减法器)

对于图 3 – 6 所示的减法运算电路,当 $R_1 = R_2$, $R_2 = R_F$ 时,有如下关系式

$$U_o = \frac{R_F}{R_1}(U_{i2} - U_{i1})$$

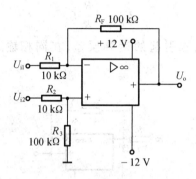

图 3 – 6　减法运算电路

3.1.3　设计范例

以反相比例放大电路为例,介绍一下设计过程。

【范例】用 LM324 实现增益为 14 dB 的反相比例放大器。

1. 设计过程

(1)首先确定增益为 14 dB 对应的放大倍数。

14 dB $= 20 \lg A_{uf}$ dB,所以 $A_{uf} = 10^{\frac{14}{20}} = 5.01$

(2)采用的反相比例放大电路如图 3 – 4 所示。

(3)确定各电阻的值。

首先确定 R_f 的值,R_f 的值越大,误差也越大。R_f 的值也不能过小,因为 R_f 是负载的一部分,若太小,运放(U_o 为定值)易过载。故 R_f 取值为几十千欧到几百千欧,考虑到要取标称值,取 $R_f = 75$ kΩ。

根据比例关系

$$A_{uf} = -\frac{R_f}{R_1} = -5$$

取 $R_f = 15$ kΩ。

为满足平衡条件 $R_n = R_p$,故 $R_2 = R_1 // R_f = 12.5$ kΩ,取 $R_2 = 12$ kΩ。

2. Multisim 仿真分析

利用 Multisim 对所设计的反相比例放大电路进行仿真分析。

(1)创建电路。注意 LM324AD 需要双电源供电,仿真电路如图 3 – 7 所示。

(2)交流信号源频率为 1 kHz,幅值为 1 V。用双踪示波器观察输入输出波形,仿真结果如图 3 – 8 所示,观察示波器输入输出曲线,得出仿真实验结果达到设计要求。

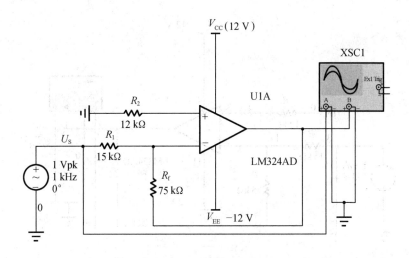

图 3 - 7　反相比例放大电路仿真电路图

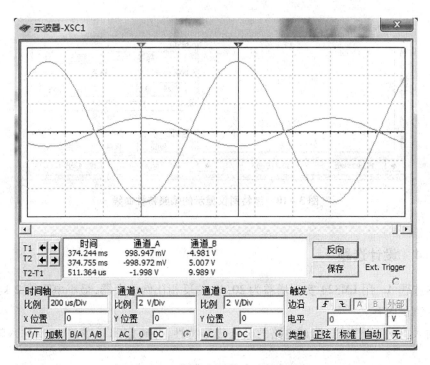

图 3 - 8　反相比例放大电路仿真结果

(3)用波特图示仪观察输出波形幅频特性。这里介绍另一种测量电路频率响应的方法,即使用波特图仪。波特图仪的使用方法与示波器类似,十分简便。

连接波特图仪的仿真电路如图 3 - 9 所示。波特图仪测量结果如图 3 - 10 所示。可以移动图 3 - 10 中标尺来测量上、下限频率,本次仿真的上限频率为 193 kHz。

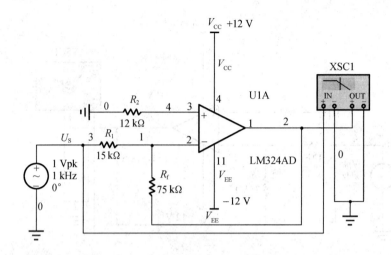

图 3 - 9　频率特性仿真电路图

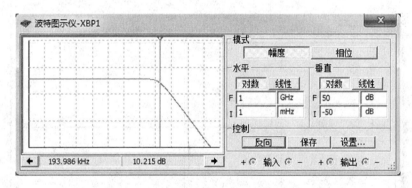

图 3 - 10　波特图仪显示的幅频特性曲线

3.1.4　设计选题

基本选题 A. 用 LM324 实现增益为 20 dB 的反相比例放大器,最小电阻为 2 kΩ。要求完成以下测试内容。

1. 输入可调直流电压,测试电路的电压传输特性,并确定闭环增益 A_{uf} 及输入输出动态范围。

2. 输入正弦波交流信号,用双踪示波器同时观察输入输出波形,并确定闭环增益及输入输出动态范围。

3. 在线性范围内,测量反相比例放大器的上限截止频率 f_H,并画出幅频特性曲线。

4. 测量输入电阻 r_i。

5. 在输出端分别接入负载 $R_L = 10$ kΩ,$R_L = 1$ kΩ,$R_L = 0.1$ kΩ,观察输出电压波形的变化,体会"负载能力"的概念。

6. 改变电阻值实现运算为 $u_o = -100 u_i$ 的反相比例放大器,重复 5 测出上限截止频率

f_H,体会"增益带宽积"的概念。

基本选题 B. 用 LM324 构成同相比例放大器,按照前述 1~6 的内容要求完成实验。

扩展选题 C. 设计反相比例放大器,实现放大倍数 -100,要求输入电阻为 $r_i = 1$ MΩ。

扩展选题 D. 设计反相比例放大器,实现放大倍数 -100,要求带宽 1 MHz。

3.1.5　预习思考题

1. 20 dB 和放大倍数有怎样的对应关系,为什么要用 dB 这种表示方法?

2. LM324 的正负电源怎么接? LM324 的管脚分布是怎样的?

3. "共地"是什么意思,如何做到?

4. 静态工作点应该是多少? 用什么仪器测量,如何测量?

5. 输入的正弦信号的幅值和频率分别是多少? 幅值过大,会出现什么情况? 频率过大,会出现什么情况?

5. 如何在示波器上同时观察输入输出波形? 是否会出现波形失真情况,怎么调整?

6. "电压传输特性""动态范围""幅频特性""增益带宽积""负载能力"都是什么意思,如何测量?

7. "输入电阻"如何测量? 如何提高?

3.1.6　预习报告要求

1. 选择合适选题,画出电路图,写出完整的设计过程。

2. 对设计电路进行仿真,确认是否能实现具体指标。

3. 自行拟定实验步骤和实验数据表格。记录仿真实验数据,需要通过仿真来验证实验步骤和实验数据表格是否合理。

4. 完成预习思考题。

3.1.7　实验注意事项

1. 实验中应注意选取的标称值电阻的阻值尽可能接近设计值。

2. 在调试电路时,考虑器件的电气性,尽量减少器件间的干扰。静态测量时,应使输入端接地,避免输入端引入干扰造成运放饱和。

3. 运放的选择:

集成电路设计不需要选择性能最优的模块及器件,而是满足系统要求的情况下,选择满足性能要求而成本最低的器件,还要综合考虑电路的复杂程度,了解应用要求,以做出正确的选择。一般的应用需求采用通用型运放,但也有些特殊要求需要用到特殊的运放。在选择放大器时,参考运放的规格、制造工艺等数据资料,确定该器件运行的最大电压和最小电压、静态电流、运放为负载提供的电流大小等。

4. 电源供电采用双电源的连接方式。

所有的运放都有两个输入端、一个输出端和两个电源引脚端。电源标识 VCC + 和 VCC -,有的厂家标识是 VCC + 和 GND。LM324 运放采用双电源供电,双电源供电应使正电源负极与负电源正极同时与电路接地端相连,正负电源电压接入值相同。

5.电阻和电容值的选取：

一般来说,普通的应用中阻值在 1 kΩ ~ 100 kΩ 是比较合适的。高速的应用中阻值在 100 Ω ~ 1 kΩ,但它们会增大电源的消耗。便携设计中阻值在 1 MΩ ~ 10 MΩ,但是它们将增大系统的噪声。在以上这些例子中,电阻值都小于 100 kΩ。

3.1.8　实验内容和步骤

1.基本选题 A

(1) 根据设计的元件值选取元器件,按照设计电路装接电路板,仔细检查电路,确定元件及导线连接无误,接通电源,直流电源电压 V_{CC} = ±12 V,电源电压由直流稳压电源提供。运放选用通用型集成运放 LM324。通电后,首先观察运放有没有出现发热、发烫、烧焦、炸裂等现象,若有上述现象产生,说明运放中流过的电流过大,运放很可能已经损坏,需要及时更换。

(2)测试电路静态工作点

通电测试运放各管脚电压值。考虑到运放 LM324 本身并没有调零端和保护端。测量静态时,输入信号应可靠接地。此时的输出即为运放电路的零点漂移,将结果填入表 3 - 1。测量电路的零点漂移,并在后续的测试结果中去掉偏移量。

表 3 - 1　静态工作点

静态测量结果 U_o/mV

(3) 根据要求在输入端加入直流电压(如图 3 - 11 所示),调节电位器 R_p,用万用表分别测量输入和输出对地电压,填入表 3 - 2 中,并绘制如图 3 - 12 所示传输特性曲线,并确定动态范围。

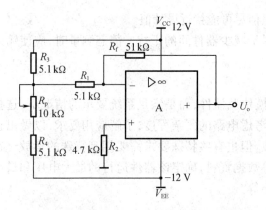

图 3 - 11　反相比例放大器测量动态范围

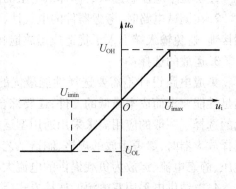

图 3 - 12　电压传输特性

表 3 - 2　反相比例放大器的电压传输特性实验数据

u_i/V	- 3	- 2.5	- 2	- 1	0	+ 1	+ 2	+ 2.5	+ 3
u_o/V									

由数据表可得到该电路的闭环增益 $A_{uf} = \dfrac{U_o}{U_L} = $ _____ 。

输入动态范围 $U_{IPP} = U_{imax} - U_{imin}$，其中 $U_{imax} = $ _____ V，$U_{imin} = $ _____ V。

输出动态范围 $U_{OPP} = U_{OH} - U_{OL}$，其中 $U_{OH} = $ _____ V，$U_{OL} = $ _____ V。

（4）根据要求用函数信号发生器提供正弦波信号,用示波器观察输入输出波形,如图 3 - 7;为保证放大器工作在线性范围内,正弦波幅度不能太大(可以为 0.5 V);为保证放大器工作在通频带内,正弦波频率不能过高(可以为 1 kHz)。用示波器同时观察输入输出波形(相位及幅度),画到表 3 - 3 中。逐渐增大 u_i 的幅度,直至输出波形出现非线性失真,从而得出输入输出动态范围。

表 3 - 3　反相比例放大器的输入输出波形及其增益性能分析

输入参数	$u_i = 0.5\ V_{pp}, f = 200\ Hz$		$f = 200\ Hz$ 不变, 增大 u_i 直到输出波形失真	
输入波形曲线				
输出波形曲线				
测量值	$A_{uf} = \dfrac{u_o}{u_i}$			

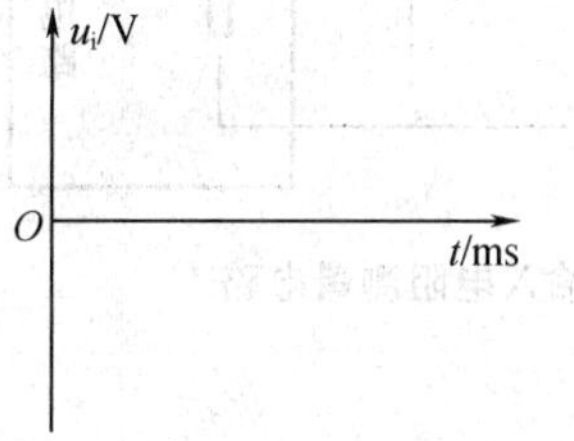

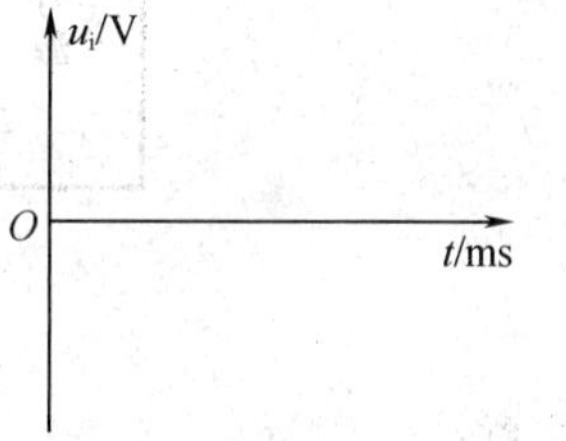

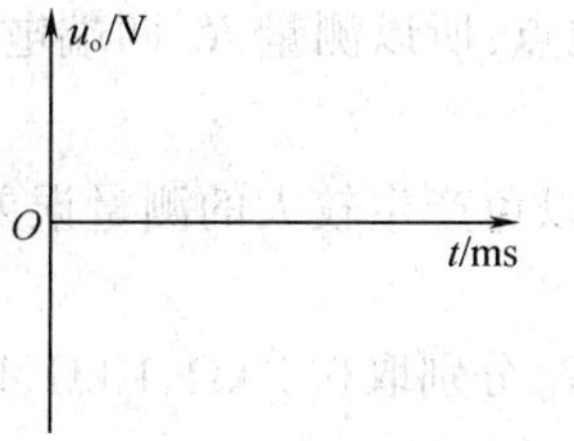

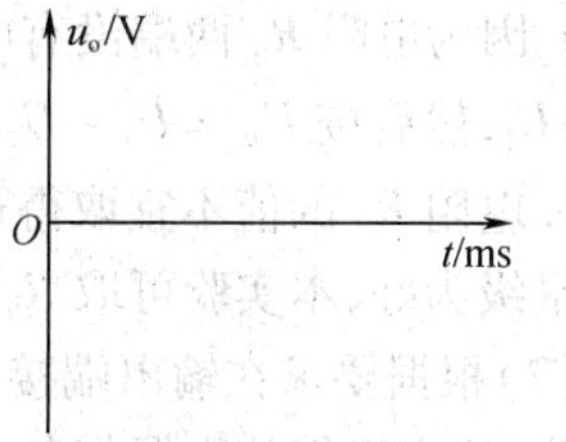

（5）用"逐点法"测量反相放大器的幅频特性。将输入信号 U_i 的幅度固定在 0.5 V,增大频率测量相应的输出信号 U_o 的幅度(用示波器监测)。将测试数据列入表 3 - 4 中,以输入信号频率的对数为横坐标,电压增益的分贝数 $20\ lg\ A_u$ 为纵坐标,在半对数坐标纸上绘制如图 3 - 10 所示的幅频特性曲线。

注意：

a. 输出电压幅度开始下降处多取几个点测量,提高精度。

b. 测量幅频特性可以用示波器也可以用毫伏表,但是要保证整个过程输出信号不出现非线性失真。

表 3-4　反相比例放大器的幅频特性分析

$U_i = $ _____ Vrms

频率 f/Hz								
U_o/Vrms								
A_{uf}								
20 lg A_{uf}/dB								

(6) 测量输入电阻 R_i

在被测放大电路的输入端与信号源之间串入一个已知电阻 R_S(如图 3-13 所示),在放大电路正常工作的情况下,用交流毫伏表测出 U_S 和 U_i,则根据输入电阻的定义可得

$$R_i = \frac{U_i}{I_i} = \frac{U_i}{U_{R_S}/R_S} = \frac{U_i}{U_S - U_i} R_S$$

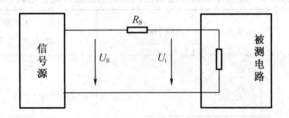

图 3-13　输入电阻测量电路

注意：

a. 因为电阻 R_S 两端没有电路公共接地点,所以测量 R_S 两端电压 U_{R_S} 时必须分别测出 U_S 和 U_i,然后按 $U_{R_S} = U_S - U_i$ 求出 U_{R_S} 值。

b. 电阻 R_S 的值不宜取得过大或过小,以免产生较大的测量误差,通常取 R_S 与 r_i 为同一数量级为好,本实验可取 $R_S = 10$ kΩ。

(7) 根据要求在输出端接入负载 R_L。R_L 分别取 0.1 kΩ,1 kΩ,10 kΩ,分析输出电压 U_o 的变化,研究运算放大器带负载能力。

(8) 根据要求改变电压增益实现 $u_o = -100u_i$,按照(5)的方法重新测量上限截止频率,画出幅频特性,理解"增益带宽积"的概念。

(9) 根据要求构建同相比例放大器(如图 3-5 所示),参考实验步骤(2)~(7)完成实验。

2. 扩展选题 B

通过基础命题实验可知 $R_i = R_1$。当要求输入电阻较大时，R_1 就要选较大的电阻值。根据要求 $R_i = 1$ MΩ，所以 R_1 至少是 1 MΩ，而放大倍数为 -100，则 R_f 要选更大的电阻值。通过前面的分析知道，R_f 不能过大，否则会加大输入偏置电流、失调电流及其漂移的影响，产生直流运算误差，而且闭环增益的精度、稳定性和带宽都会严重恶化。为了解决这个矛盾，采用 T 型电阻网络作为反馈电阻，其电路如图 3 – 14 所示。

输入电阻 $r_i = R_1 = 1$ MΩ；

$$放大倍数\ A_{uf} = -\frac{R_{f1} + R_{f2}\left(1 + \dfrac{R_{f1}}{R_{f3}}\right)}{R_1} = -100。$$

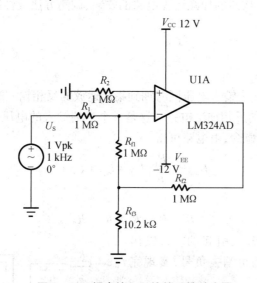

图 3 – 14　提高输入阻抗的反馈放大器

3. 扩展选题 C

通过基础命题实验可知，放大倍数为 -100 时，受到 LM324"增益带宽"的限制，带宽不能达到 1 MHz，只能选择"增益带宽"高的运放来实现，例如 NE5532、AD8009 等。

3.1.9　实验报告要求

1. 自拟实验数据表格，列出测量数据并进行计算，并与仿真数据的理论估算值比较，分析结果。

2. 对实现过程中出现的现象（波形、数据）和调测过程进行分析与总结，详细记录实验故障和解决方法。

3.2　运放的线性应用(2)——加减运算放大电路的设计和调试

3.2.1　实验目的

(1)进一步了解运算放大器实现加法器、减法器的工作原理及运算功能。

(2)能根据一定的技术指标要求设计加减运算电路。

(3)掌握由集成运放构成的加减运算电路的安装、调测方法及性能分析。

3.2.2　实验原理

1. 反相加法电路

反相加法电路是指多个输入电压同时加到集成运放的反相输入端。图3-15为三个输入信号(代表三个变量)的反相加法电路。这是一个三端输入的电压并联深度负反馈电路。运用虚短、虚断和虚地的概念,由电路可得

$$U_o = -\frac{R_f}{R}(U_{i1} + U_{i2} + U_{i3})$$

匹配电阻为

$$R' = R_1 /\!/ R_2 /\!/ R_3 /\!/ R_f$$

式中负号是因反相输入引起的。若输出端再接一级反相电路,则可消去负号,实现完全符合常规的算术加法。

反相加法电路的实质是将各输入电压彼此独立地通过自身的电阻转换成电流,在反相输入端相加后流向电阻 R_f ,由 R_f 转换成输出电压。因而,反相端又称"相加点"或"Σ"点。

反相加法电路的特点是,调节反相求和电路某一路信号的输入电阻(R_1,R_2 或 R_3)的阻值,不影响其他输入电压和输出电压的比例关系。因而,在计算和实验时调节很方便。

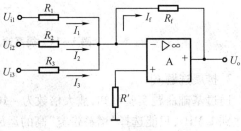

图3-15　反相加法电路

2. 同相加法电路

如果将各输入电压同时加到集成运放的同相输入端,称为同相加法电路。图3-16表示有三个输入量的同相加法电路。运用虚短、虚断和虚地的概念,由电路可得

$$U_o = \frac{R_p}{R_n}R_f\left(\frac{U_{i1}}{R_2} + \frac{U_{i2}}{R_3} + \frac{U_{i3}}{R_4}\right)$$

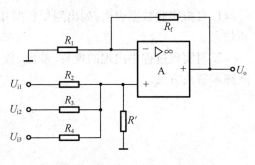

图3-16　同相加法电路

$$R_p = R_2 /\!/ R_3 /\!/ R_4 /\!/ R', R_n = R_1 /\!/ R_f$$

在 R_p 严格等于 R_n 的条件下,图 3 – 16 电路的输出电压与输入电压的关系为

$$U_o = R_f \left(\frac{U_{i1}}{R_2} + \frac{U_{i2}}{R_3} + \frac{U_{i3}}{R_4} \right)$$

上式表明,输出与各输入量之间是同相关系。如果调整某一路信号的电阻(R_2, R_3, R_4)的阻值,则必须改变电阻 R' 的阻值,以使 R_p 严格等于 R_n。由于常常需反复调节才能将参数值最后确定,估算和调试的过程比较麻烦。所以,在实际工作中不如反相电路应用广泛。

3. 加减运算电路

能够实现输出电压与多个输入电压间代数加减关系的电路称为加减运算电路。主要有单运放加减和双运放加减两种结构形式。由于单运放所构成的加减电路在各电阻元件参数选择、计算以及实验调整方面存在着不便,故在设计上常采用双运放加减电路结构形式。

根据求和项经两个运放传输,而差项只需经过一次运放传输,形成图 3 – 17 所示的加减运算电路。

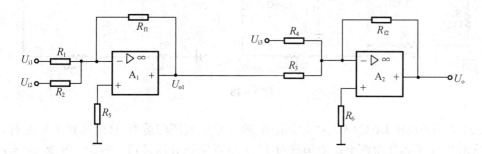

图 3 – 17　加减运算电路

3.2.3　设计范例

用 LM324 设计一个运算放大器电路,使其输出为 $U_o = 2U_{i1} + 1.5U_{i2} - 2.5U_{i3}$,采用双运放完成,且电路级数最多不超过两级。

1. 设计过程

(1)电路形式如图 3 – 17 所示。

(2)确定各电阻值。

$$U_{o1} = -\frac{R_{f1}}{R_1}U_{i1} - \frac{R_{f1}}{R_2}U_{i2}$$

$$U_o = -\frac{R_{f2}}{R_3}U_{o1} - \frac{R_{f2}}{R_4}U_{i3}$$

对照关系式 $U_o = 2U_{i1} + 1.5U_{i2} - 2.5U_{i3}$,可见

$$\frac{R_{f1}}{R_1} = 2, \frac{R_{f1}}{R_2} = 1.5, \frac{R_{f2}}{R_4} = 2.5$$

U_o 对 U_{o1} 需要反号一次,应选 $R_{f2} = R_3$。

根据选电阻的原则,几十千欧到几百千欧,考虑到要取标称值,取 $R_{f1} = 150 \text{ k}\Omega$, $R_{f2} = 75 \text{ k}\Omega$,则 $R_1 = 75 \text{ k}\Omega$, $R_2 = 100 \text{ k}\Omega$, $R_3 = 75 \text{ k}\Omega$, $R_4 = 30 \text{ k}\Omega$。

根据输入端电阻平衡对称条件，R_5 和 R_6 应分别为

$$R_5 = R_1 /\!/ R_2 /\!/ R_{f1} = 75 /\!/ 100 /\!/ 150 = 33.3 \text{ k}\Omega \qquad 取 33 \text{ k}\Omega$$

$$R_6 = R_3 /\!/ R_4 /\!/ R_{f2} = 75 /\!/ 30 /\!/ 75 = 16.6 \text{ k}\Omega \qquad 取 16 \text{ k}\Omega$$

2. Multisim 仿真分析

利用 Multisim 对所设计的加减运算电路进行仿真分析。

（1）进入 Multisim 仿真环境，从元件库中调用电阻、运放 LM324AD 等元件，均按上述设计要求选取，连接地线、节点等，注意 LM324AD 需要双电源供电，仿真电路如图 3 – 18 所示。

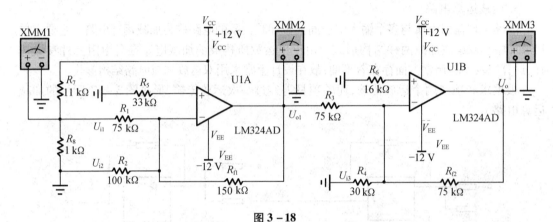

图 3 – 18

（2）为了不超出 LM324AD 的线性范围，输入直流电压应适当，这里选择 1 V 左右。在实物实验中，1 V 电压由两个电阻串联对 12 V 电源电压分压得到。图 3 – 19 是 $U_{i1} = 1$ V，$U_{i2} = 0$ V，$U_{i3} = 0$ V 用万用表测量输入输出电压的仿真结果。从结果可以看出，第一级输出电压约为输入电压 U_{i1} 的负 2 倍，第二级输出电压改为 U_{i1} 的正 2 倍，符合设计要求。

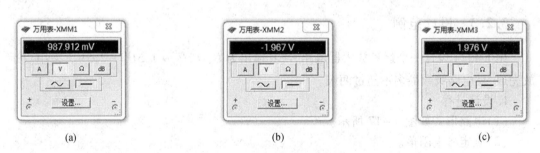

图 3 – 19　加减运算放大电路仿真结果

（a）输入电压值；（b）第一级输出电压；（c）第二级输出电压

（3）请自行在三个输入端加入不同的且不为零的 U_i 值，测量其输出结果，判断是否满足设计要求。

3.2.4　设计选题

基本命题 A

用 LM324 设计一个运算放大器电路，使其输出为 $U_o = 5U_{i1} + 2U_{i2} - 4U_{i3}$，采用双运放完成，且至少验证三组不同直流电压输入情况时的输出电压。

扩展命题 B

在上面电路中,输入电压 U_{i1},U_{i2},U_{i3} 至少有一组为方波信号,幅值、频率自定,其余为直流信号。

3.2.5　预习思考题

1. LM324 的正负电源怎么接? LM324 的管脚分布是怎样的?
2. "共地"是什么意思,如何做到?
3. 静态工作点应该是多少? 用什么仪器测量,如何测量?
4. 输入的直流电压为多少,是否有限制?
5. 如果输入的直流电压为 1 V,如何得到?
6. 怎样验证比例系数?
7. 加入方波信号后,在示波器上如何读数?
8. 怎样验证直流量和交流量?

3.2.6　预习报告要求

1. 选择合适选题,画出电路图,写出完整的设计过程。
2. 对设计电路进行仿真,确认是否能实现具体指标。
3. 自行拟定实验步骤和实验数据表格。记录仿真实验数据,需要通过仿真来验证实验步骤和实验数据表格是否合理。
4. 完成预习思考题。

3.2.7　实验注意事项

1. 实验中应注意选取阻值在千欧级到兆欧之间,所选标称值应尽可能接近设计值。
2. 在调试电路时,考虑器件的电气性,尽量减少器件间的干扰。静态测量时,应使输入端接地,避免由于输入端引入干扰造成运放饱和。
3. 在使用双电源给 LM324 供电时,一定不要把电源接反,否则会烧坏芯片。
4. 在验证加减法运算表达式时,要首先验证单路比例系数是否满足要求。

3.2.8　实验内容和步骤

1. 基本命题实验内容

(1)根据要求构建双运放的加减法运算器如图 3 – 18 所示。

LM324 需要双电源供电,正负 12 V 分别接到 4 和 11 管脚,正电源负极与负电源正极同时与电路接地端相连,实现共地,千万不要接错、接反,否则芯片会被烧坏。324 管脚排列请参考附录。

(2)测量静态工作点。

输入端悬空不是零输入,必须要将三个输入端都接地才能实现 $U_{i1} = 0$ V,$U_{i2} = 0$ V,$U_{i3} = 0$ V,此时测量运放的输出端电压。LM324 不设调零端,输出端电压即为电路的零点漂移。对于多级放大,应逐级测量每级的零点漂移。记录数据填入表 3 – 5 并在测试结果中去掉偏移量。

注意:当静态时,输出电压比较大,接近电源电压,请考虑以下可能。

a. 电阻安装不紧,有虚接的地方。

b. 反馈回路没有安装。

表 3-5　静态工作点

静态测量结果	
U_{o1}/mV	U_{o2}/mV

(3)分别验证 U_{i1},U_{i2},U_{i3} 的比例关系(参考设计范例 Multisim 仿真部分)。

a. 只在 U_{i1} 端输入直流电压,U_{i2}、U_{i3} 接地用万用表测量输出端电压,验证 U_{i1} 比例关系。

b. 用同样的方法验证 U_{i2}、U_{i3} 的比例关系,完成表 3-6。

表 3-6　验证比例关系

设计输入值/V			测量结果/V		理论值/V	
U_{i1}	U_{i2}	U_{i3}	U_{o1}	U_{o2}	U_{o1}	U_{o2}
1	0	0				
0	1	0				
0	0	1				

注意:考虑到运放的线性范围,输入的直流电压应为 1 V 左右。1 V 电压通过搭建分压电路得到(参考设计范例 Multisim 仿真部分)。

(4)验证加减运算关系。

将 U_{i1},U_{i2},U_{i3} 都输入 1 V,完成表格 3-7。

表 3-7　验证加减法运算关系

设计输入值/V			测量结果/V		理论值/V	
U_{i1}	U_{i2}	U_{i3}	U_{o1}	U_{o2}	U_{o1}	U_{o2}
1	1	1				

2. 扩展命题实验思路提示

(1)完成基础命题(1)~(3)项内容。

(2)分别在 U_{i1},U_{i2},U_{i3} 输入端加入方波信号。

用信号发生器提供方波信号,幅度为 1 V,频率为 1 kHz。用示波器观察输出波形,读出 U_{oH} 和 U_{oL},计算出直流量和交流量,完成表格 3-8。

$$直流量 = \frac{U_{oH} + U_{oL}}{2}$$

$$交流量 = \frac{U_{oH} - U_{oL}}{2}$$

表 3-8　加入方波信号测量数据

设计输入值/V			测量结果/V				理论值/V	
U_{i1}	U_{i2}	U_{i3}	U_{oH}	U_{oL}	直流	交流	直流	交流
1	方波	0						
0	1	方波						
方波	0	1						

问题:数字示波器可以直接读出直流和交流量的值,读哪个参数可以达到目的?

3.2.9　实验报告要求

1. 自拟实验数据表格,列出测量数据并进行计算,与仿真数据和理论估算值进行比较,分析结果。请考虑各方面的误差影响。

2. 对实现过程中出现的现象(波形、数据)和调测过程进行分析与总结,详细记录实验故障和解决方法。

3.3　运放的线性应用(3)——积分与微分电路的设计和调试

3.3.1　实验目的

(1)进一步了解运算放大器实现积分器、微分器的工作原理及运算功能。
(2)能根据一定的技术指标要求设计积分器、微分器运算电路。
(3)掌握由集成运放构成的积分器、微分器运算电路的安装、调测方法及性能分析。

3.3.2　实验原理

1. 积分电路

积分电路的输出电压与输入电压成积分关系。积分电路可以实现积分运算。它在模拟计算机、积分型模数转换以及产生矩形波、三角波等电路中均有广泛应用。

(1)无源 RC 积分电路

根据输入电压加到集成运放的反相输入端或同相输入端,有反相积分电路和同相积分电路两种基本形式。

下面首先了解图 3-20(a)示出的无源 RC 积分电路的问题。当输入电压 u_i 为一阶跃电压 E 时,输出电压 u_o 只在开始部分随时间线性增长,u_o 近似与 u_i 成积分关系。因为在初始期间,电容 C 上的电压 u_o 很小,可忽略时,才有

$$i = \frac{u_i - u_c}{R} \approx \frac{u_i}{R}$$

因而

$$u_o = \frac{1}{C}\int i\,\mathrm{d}t \approx \frac{1}{RC}\int u_i\,\mathrm{d}t$$

但是,随着电容上充电过程的进行,u_c 不断增大,充电电流不断减小,充电速度变慢,u_c 按指数规律上升,如图 3-20(b)所示。为了实现较准确的积分关系,就需在电容器两端电压增长时,流过它的电流仍基本不变,理想情况为恒流充电。采用集成运放构成 RC 有源积分电路,就能做到近似恒流充电,并能扩大积分的线性范围。

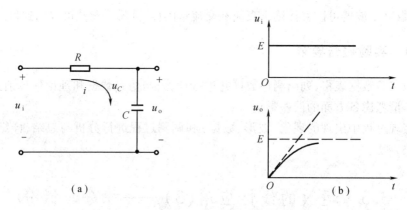

图 3-20　无源 RC 积分电路及输入输出波形

(2)反相积分电路

反相比例电路中的反馈元件 R_f 用电容 C 代替,输入回路电阻 R_1 仍是电阻 R,便可构成图 3-21 所示的反相积分电路。因 $U_- = 0, i_1 = \dfrac{u_i}{R}, I_- = 0, i_C = i_1$,于是

$$u_o = -u_c = -\frac{1}{C}\int_{t_1}^{t} i_C\,\mathrm{d}t$$

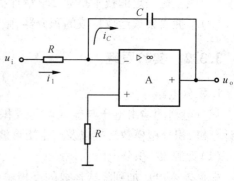

图 3-21　反相积分电路

如果在开始积分之前,电容两端已经存在一个初始电压,则积分电路将有一个初始的输出电压 $u_o|_{t_1}$,此时

$$u_o = -\frac{1}{RC}\int_{t_1}^{t} u_i\,\mathrm{d}t + u_o|_{t_1} \qquad (3-1)$$

由式(3-1)可知,输出电压 u_o 与 u_i 成积分关系。负号表示 u_o 与 u_i 在相位上是反相的。积分时间常数为 $\tau = RC$。

当输入电压 u_i 为阶跃电压 E 时,电容器 C 将以近似恒流方式充电,使输出电压 u_o 与时间成近似线性关系,这时

$$u_o = -\frac{E}{RC}t + u_o|_{t_1} \qquad (3-2)$$

假设电容器 C 初始电压为零,则

$$u_o = -\frac{E}{RC}t$$

当 $t = \tau$ 时，$-u_o = E$。当 $t > \tau$ 时，u_o 随之增大，但不能无限增大。因运放输出的最大值 U_{om} 受直流电源电压的限制。当 $-u_o = U_{om}$ 时，运放进入饱和状态，u_o 保持不变，而停止积分。阶跃电压作用时的 u_o 波形如图 3－22 所示。根据密勒定理，跨接在输出端至反相端之间的电容 C 折合到反相端对地，其等效电容为 $(1 + A_{od})C$，所以等效积分常数是 $(1 + A_{od})RC$。可见，集成运放又起到增大积分时间常数的作用，更易满足积分条件，因而展宽了线性范围，通常称这种积分为密勒积分。

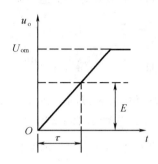

图 3－22　阶跃电压作用时的 u_o 波形

积分电路在实际应用时要注意两点：

①因为集成运放和积分电容器并非理想元器件，会产生积分误差，情况严重时甚至不能正常工作。因此，应选择输入失调电压、失调电流及温漂小的集成运放，选用泄漏电阻大的电容器以及吸附效应小的电容器。

②应用积分电路时，动态运用范围也要考虑。集成运放的输出电压和输出电流不允许超过它的额定值 U_{om} 和 I_{om}，因而对输入信号的大小或积分时间应有一定的限制。

（3）实用积分电路

如图 3－23 所示实用电路通常在电容 C 的两端并联一个电阻 R_f，R_f 为积分漂移泄放电阻，R_f 的作用是防止积分漂移所造成的漂移或截止现象（限制电路的低频电压增益）。

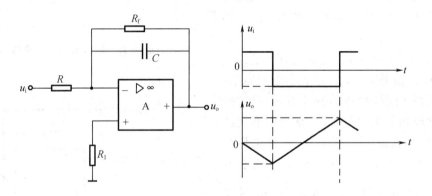

图 3－23　实用积分电路及其波形图

2. 微分电路

（1）基本微分电路

微分是积分的逆运算，即输出电压与输入电压成微分关系，用来确定改变着的信号变化速率。只要将反相积分电路中的 R 和 C 位置互换，就可构成基本的微分电路，如图 3－24 所示。我们知道，电容上的电压 u_C 是流过电容的电流 i_C 的积分，即

$$u_C = \frac{1}{C}\int i_C \mathrm{d}t$$

反之，i_C 与 u_C 为微分关系，即

$$i_C = C\frac{\mathrm{d}u_C}{\mathrm{d}t}$$

利用虚地和虚断概念,则

$$u_o = -i_f R = -i_C R = -RC\frac{du_C}{dt} = -RC\frac{du_i}{dt}$$

即

$$u_o = -RC\frac{du_i}{-t} \qquad (3-3)$$

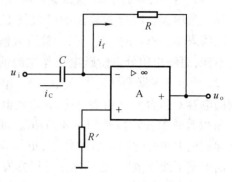

图 3 - 24　基本微分电路

$\tau = RC$ 为微分时间常数。若输入信号 u_i 为矩形波,当微分时间常数比方波的半个周期小得多时,即 $\tau \ll \frac{T}{2}$,输出电压 u_o 将为双向尖顶脉冲,如图 3 - 25 所示,实现了波形变换。若输入信号 $u_i = U_m\sin\omega t$ 为正弦波,则微分电路的输出电压为 $u_o = -RC\frac{du_i}{dt} = -U_m\omega RC\cos\omega t$,$u_o$ 成为负的余弦波,它的波形将比 u_i 滞后 $90°$,此时微分电路也实现了移相作用。

根据密勒定理,把反馈电阻 R 等效到反相输入端到地后的等效电阻为 $R/(1 + A_{od})$,其等效微分时间常数为 $\tau' = RC/(1 + A_{od}) \ll \tau = RC$,更易满足微分条件。在这里,集成运放起到了缩小微分时间常数的作用。

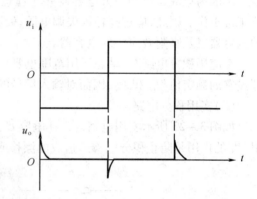

图 3 - 25　输入输出电压波形

(2)实用微分电路

如图 3 - 26 所示实用电路比理论电路多了 R 和 C_1。高频区,C 的容抗小于 R 时,R 的存在限制了闭环增益的继续增大,起到抑制高频噪声和干扰的作用。R 的阻值不宜过大,否则会增大微分运算误差,一般在几百欧到一千欧之间。在反馈回路中并联了小电容 C_f,在工作频率内,使 $R \ll \frac{1}{\omega C_f}$,$C_f$ 可以加强高频区的负反馈降低高频噪声。由于反馈支路具有相位超前特性,可以补偿微分电容造成的相位滞后,从而提高微分电路的稳定性。电容的取值在几百皮法到几百兆法之间,不宜过大或过小。

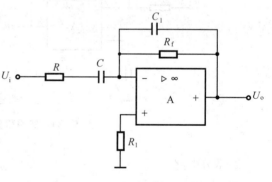

图 3 - 26　实用微分电路

图 3 - 27(a)为三角波输入波形,图 3 - 27(b)为阻尼振荡输出波形(未加 R 和 C_f),图 3 - 27(c)为加 R 后输出波形,图 3 - 27(d)为加 R 和 C_f 后的输出波形。

3.3.3　设计范例

1. 设计过程

设计一个将方波转换为三角波的反相积分电路,输入方波电压的幅度为 4 V,周期为

1 ms。要求积分器输入电阻大于 10 kΩ。

（1）电路形式如图 3 – 23 所示实用积分电路。

（2）确定积分器时间常数。

用积分电路将方波转换成三角波，就是对方波的每半个周期分别进行不同方向的积分运算。在正半周，积分器的输入相当于正极性的阶跃信号；反之，则为负极性的阶跃信号。积分时间均为 $T/2$。如果所用运放的最大输出电压 $U_{om} = \pm 10$ V，则积分时间常数 RC 为

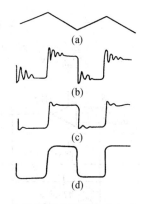

图 3 – 27　补偿前后微分电路输出波形

$$RC \geqslant \frac{E}{U_{om}}t = \frac{4}{10} \times \frac{1}{2} = 0.2 \text{ ms}$$

取 $RC = 0.5$ ms。

（3）确定元件参数。

为满足输入电阻 $R_i \geqslant 10$ kΩ，取 $R = 10$ kΩ，则积分电容为

$$C = \frac{0.5 \text{ ms}}{R} = \frac{0.5 \times 10^{-3}}{10 \times 10^3} = 0.05 \text{ μF（取标称值 } C = 0.047 \text{ μF）}$$

为了尽量减小 R_f 所引起的误差，要求满足 $R_fC \geqslant RC$，取 $R_f \geqslant 10R$，则 $R_f = 100$ kΩ。补偿运算放大器偏置电流失调的平衡电阻 $R_1 = R_f /\!/ R = 100 /\!/ 10 = 9.1$ kΩ，取 $R_1 = 9.1$ kΩ 标准值。

2. Multisim 仿真分析

利用 Multisim 对积分器、微分器进行仿真分析，步骤如下。

（1）进入 Multisim 10.1 仿真环境，从元件库中调用电阻、运放 LM324AD 或 NE5532AI 等元件，均按上述设计要求选取，连接地线、节点等，注意运放需要双电源供电。

（2）积分器电路中分别输入方波、锯齿波、正弦波，用双踪示波器观察输入输出波形，仿真结果如图 3 – 28 所示。请自行设计数据表格，来测试实验结果是否达到设计要求。

（3）微分器电路输入方波信号，用示波器观察输出波形为双向尖顶脉冲，微分器能够实现三角波到方波的转换。仿真结果如图 3 – 29 所示。

3.3.4　设计选题

1. 基本命题 A

设计一个积分电路，可以将方波转换为三角波。要求输入电阻不小于 20，常数 RC 不大于 1 ms。研究加入不同信号时，输入输出波形的变化，计算幅度和周期。

（1）输入方波信号，频率为 1 kHz，幅度为 1 V。

（2）改变输入方波信号频率分别为 50 Hz，500 Hz，2 kHz，幅度为 1 V。

（3）改变输入方波信号幅度分别为 0.1 V，5 V，频率为 1 kHz。

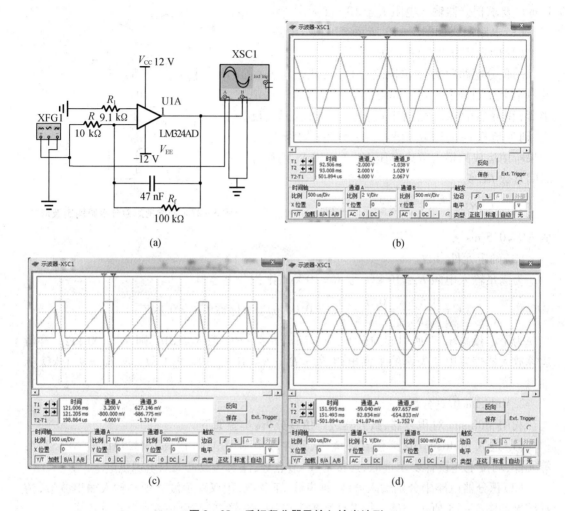

图 3 - 28　反相积分器及输入输出波形

(a)积分器电路;(b)积分器输入方波信号的输入输出波形;
(c)积分器输入锯齿波信号的输入输出波形;(d)积分器输入正弦波信号的输入输出波形

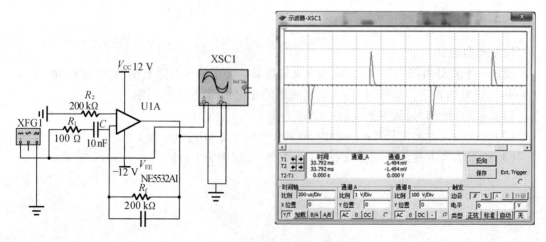

图 3 - 29　反相微分器输入方波信号时输出波形

（4）输入波形改为矩形波，占空比为 30%，频率仍为 500 Hz，幅度为 1 V。

（5）输入波形改为正弦波，频率为 1 kHz，幅度为 1 V。

（6）将与电容 C 并联的电阻 R_f 去掉，观察输出波形情况，体会 R_f 的作用。

2. 基本命题 B

按照图 3 – 30 所示搭建微分运算实验电路。研究加入不同信号时，输入输出波形的变化，计算幅度和周期。

（1）输入方波信号，频率为 1 kHz，适当调节输入信号的幅度，用双踪示波器同时观察输入输出波形，使得输出信号出现较好的尖脉冲。

（2）改变输入方波信号频率分别为 50 Hz，500 Hz，2 kHz，幅度不变。

（3）输入三角波信号，频率为 1 kHz，幅度为 1 V。

（4）将与电阻 R 并联的电容 C_f 去掉，观察输出波形情况，体会 C_f 的作用。将与电容 C 串联的 R_1 去掉，观察输出波形，体会其作用。

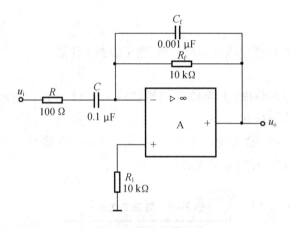

图 3 – 30　微分运算实验电路

3.3.5　预习思考题

请在实验之前完成下面的思考题，写在预习报告里。

1. 积分器和微分器的实用电路与理论电路有哪些区别？

2. 积分器和微分器在加输入信号时，幅度频率是否有限制，输入波形是什么？输出波形是什么？

3.3.6　预习报告要求

1. 选择合适选题，画出电路图，写出完整的设计过程。

2. 对设计电路进行仿真，确认是否能实现具体指标。

3. 自行拟定实验步骤和实验数据表格。记录仿真实验数据，需要通过仿真来验证实验步骤和实验数据表格是否合理。

4. 完成预习思考题。

3.3.7 实验注意事项

1. 实验中应注意选取阻值在千欧级到兆欧级之间,所选标称值应尽可能接近设计值。

2. 在调试电路时,考虑器件的电气性,尽量减少器件间的干扰。静态测量时,应使输入端接地,避免由于输入端引入干扰造成运放饱和。

3. 在使用双电源给 LM324 供电时,一定不要把电源接反,否则会烧坏芯片。

4. 积分电路在测试时,将与电容 C 并联的电阻 R_f 去掉,输出波形可能会不在视野范围内,要仔细调整示波器找到波形。

5. 微分电路在测试时,将与电阻 R 并联的电容 C_f 去掉,注意输出波形可能出现的情况;将与电容 C 串联的 R_1 去掉,观察输出波形,体会其作用。

3.3.8 实验内容和步骤

1. 基本命题 A

(1)按照图 3 – 28(a)搭建积分实验电路,测量静态工作点。

注意:

a. LM324 需要双电源供电,正负 12 V 分别接到 4 和 11 管脚,并且实现共地,千万不要接错、接反,否则芯片会被烧坏。

b. 测量静态工作点时,输入端什么也不接(悬空)不是零输入,要将输入端接地,实现 $u_i = 0$ V时,测量输出的值,将结果填入表 3 – 9 中。

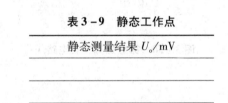

表 3 – 9 静态工作点

静态测量结果 U_o/mV

(2)根据要求用函数信号发生器提供方波信号,用示波器观察输入输出波形,如图 3 – 28 所示。为保证放大器工作在线性范围内,信号幅度不能太大(可以为 1 V);为保证放大器工作在通频带内,信号频率不能过高(可以为 1 kHz)。用示波器同时观察输入输出波形,输入为方波信号,输出为三角波信号。读出三角波的幅度,并将波形画到表 3 – 10 中。

(3)改变输入方波信号频率分别为 50 Hz,500 Hz,2 kHz,幅度为 1 V,观察并记录输出波形的幅度和周期,记录数据填入表 3 – 10。

表 3 – 10　积分电路输入不同频率方波信号时输出波形情况

输入参数	输出波形曲线	输入参数	输出波形曲线
频率为 1 kHz，幅度为 1V	u_o/V O ————————→ t/ms	频率为 50 Hz，幅度为 1 V	u_o/V O ————————→ t/ms
测量值	$u_o = \underline{\qquad} V_{pp}$ $f = \underline{\qquad}$ kHz	测量值	$u_o = \underline{\qquad} V_{pp}$ $f = \underline{\qquad}$ kHz
频率为 500 Hz，幅度为 1 V	u_o/V O ————————→ t/ms	频率为 2 kHz，幅度为 1V	u_o/V O ————————→ t/ms
测量值	$u_o = \underline{\qquad} V_{pp}$ $f = \underline{\qquad}$ kHz	测量值	$u_o = \underline{\qquad} V_{pp}$ $f = \underline{\qquad}$ kHz

（4）改变输入方波信号幅度分别为 0.1 V 、5 V，频率为 1 kHz，观察并记录输出波形的幅度和周期，记录数据填入表 3 – 11。

表 3 – 11　积分电路输入不同幅度方波信号时输出波形情况

输入参数	输出波形曲线	输入参数	输出波形曲线
频率为 1 kHz，幅度为 0.1 V	u_o/V O ————————→ t/ms	频率为 1 kHz，幅度为 5 V	u_o/V O ————————→ t/ms
测量值	$u_o = \underline{\qquad} V_{pp}$ $f = \underline{\qquad}$ kHz	测量值	$u_o = \underline{\qquad} V_{pp}$ $f = \underline{\qquad}$ kHz

（5）输入波形改为矩形波，占空比为 30%，频率仍为 500 Hz，幅度为 1 V，观察并画出输入输出波形，标明幅度和周期，记录数据填入表 3 – 12。

（6）输入波形改为正弦波，频率为 1 kHz，幅度为 1 V，观察并画出输入输出波形，标明幅度和周期，体会"移相 90°"的作用，并记录数据填入表 3 – 12。

表 3 – 12　积分电路输入矩形波、正弦波信号时输出波形情况

输入参数	矩形波:占空比为 30%, 频率为 500 Hz,幅度为 1 V	正弦波:频率为 1 kHz, 幅度为 1 V
输入波形曲线	u_o/V　　　　O　　　　t/ms	u_o/V　　　　O　　　　t/ms
输出波形曲线	u_o/V　　　　O　　　　t/ms	u_o/V　　　　O　　　　t/ms
测量值	$u_o =$ _____ V_{pp} $f =$ _____ kHz 直流偏移量 = _____ V	$u_o =$ _____ V_{pp} $f =$ _____ kHz 移相 $\Delta\varphi =$ _____ °

(7)将与电容 C 并联的电阻 R_f 去掉,如果输出波形看不到了,需要手动调节示波器调幅、调频率旋钮找到波形,大约有 – 11 V 左右的偏移。

2. 基本命题 B

(1)按照图 3 – 30 搭建微分实验电路,测量静态工作点。

注意:

a. LM324 需要双电源供电,正负 12 V 分别接到 4 和 11 管脚,并且实现共地,千万不要接错、接反,否则芯片会被烧坏。

b. 测量静态工作点时,输入端什么也不接(悬空)不是零输入,要将输入端接地实现 $u_i = 0$ V,此时将测量输出填入表 3 – 13 中。

表 3 – 13　静态工作点

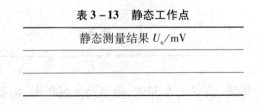

静态测量结果 U_o/mV

(2)根据要求用函数信号发生器提供方波信号,用示波器观察输入输出波形。将输入方波信号频率调为 1 kHz,幅度为 $V_{pp} = 1$ V,观察输出波形,增大波形到 $V_{pp} = 2$ V,观察输出波形。画出两次输出波形填入表 3 – 14,并标出脉冲幅值和宽度。

(3)改变输入方波信号频率分别为 50 Hz,500 Hz,2 kHz,幅度不变,观察并记录输出波形的幅度和周期,记录数据填入表 3 – 14。

表 3－14　微分电路输入方波信号时输出波形情况

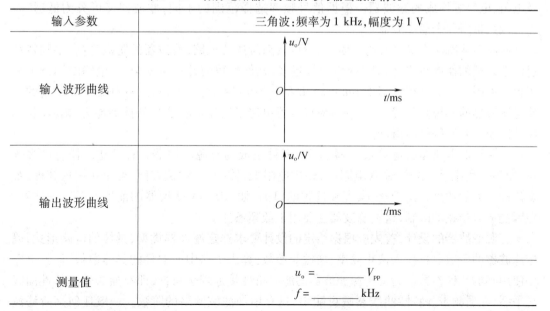

输入参数	输出波形曲线	输入参数	输出波形曲线
频率为 1 kHz, 幅度为_____ V	u_o/V O t/ms	频率为 50Hz, 幅度为_____ V	u_o/V O t/ms
测量值	$u_o = $ _____ V_{pp} 脉冲宽度 $\Delta\tau = $ _____ ms	测量值	$u_o = $ _____ V_{pp} 脉冲宽度 $\Delta\tau = $ _____ ms
频率为 500 Hz, 幅度为_____ V	u_o/V O t/ms	频率为 2 kHz, 幅度为_____ V	u_o/V O t/ms
测量值	$u_o = $ _____ V_{pp} 脉冲宽度 $\Delta\tau = $ _____ ms	测量值	$u_o = $ _____ V_{pp} 脉冲宽度 $\Delta\tau = $ _____ ms

（4）输入三角波信号,频率为 1 kHz,幅度为 1 V,输出波形为方波,用双踪示波器同时观察输入输出波形,并画出输入输出波形,标明幅度和周期,并记录数据填入表 3－15。

表 3－15　微分电路输入方波信号时输出波形情况

输入参数	三角波:频率为 1 kHz,幅度为 1 V
输入波形曲线	u_o/V O t/ms
输出波形曲线	u_o/V O t/ms
测量值	$u_o = $ _____ V_{pp} $f = $ _____ kHz

（5）将与电阻 R 并联的电容 C_f 去掉,与电容 C 串联的 R 去掉,观察波形情况。

3.3.9 实验报告要求

1. 自拟实验数据表格,列出测量数据并将实验计算仿真数据和理论估算三组数据值比较,分析结果。

2. 对实现过程中出现的现象(波形、数据)与调测过程进行分析和总结,详细记录实验故障和解决方法。

3.4 运放的线性应用(4)——有源低通滤波电路的设计和调试

3.4.1 实验目的

(1)熟悉有源低通滤波器的基本原理、电路结构和基本性能。

(2)掌握有源低通滤波器的基本设计方法。

(3)掌握滤波电路参数的幅频特性测量方法及性能分析。

3.4.2 实验原理

1. 滤波器概述

滤波电路是一种能使有用频率信号通过,同时抑制无用频率成分的电路。

滤波器有多种分类方式(很多种类),根据处理的信号可分为数字滤波器和模拟滤波器,按构成元件的不同可分为有源的和无源的滤波器。其中,有源滤波器是指由有源器件及电阻、电容等构成的滤波器。根据信号频率选择范围的不同,滤波器又可分为低通、高通、带通、带阻和全通滤波器。

滤波器从阶次上又可分为一阶、二阶以及高阶滤波电路,滤波器的阶数越高,幅频特性过渡带衰减的速率越快,但 RC 网络阶数越多,元件参数的计算越复杂,给电路的调试带来了很大的困难。此外还有诸如 Butterworth 型、Chebychev 型等滤波器,这种分类方式指的主要是滤波器的零极点位置;不同的零极点位置决定了滤波器在通带外抑制能力,幅频/相频特性以及群时延等性能指标。

有源滤波电路是由运算放大器和 RC 元件组成的有源滤波器。有源滤波器有许多优点,如不采用电感、增益,输入电阻高,输出电阻低,体积小,调试方便,可用在信息处理、数据传输等方面达到抑制干扰、噪声和选频的目的,如 AD/DA 变换器的前置或后置滤波器。但因受运放带宽的限制,这类滤波器主要用于低频条件下。

有源滤波器的设计,首先应根据给定的设计要求选定滤波器类型,具体的电路形式,确定滤波器的阶数。再代入截止频率、增益等参数,算出电路中元器件的具体数值,得到电路中使用到的元件参数。为使有源滤波器的滤波特性接近理想特性,即在通频带内特性曲线更平缓,在通频带外特性曲线衰减更陡峭,只有增加滤波网络的阶数。一般任何高阶滤波器都可由一阶和二阶滤波器级联而成。一阶滤波器和二阶滤波器是高阶滤波器的基础。通常运用级联方式构成高阶滤波器。

滤波电路的输出电压 $\dot{U}_o$ 与输入电压 $\dot{U}_i$ 之比称为电压传递系数,即

$$\dot{A}_u = \frac{\dot{U}_o}{\dot{U}_i}$$

通带内的电压放大倍数 A_{up} 称为通带电压放大倍数。对于低通滤波电路而言,即 $f = 0$ 时 A_{up} 为输出电压与输入电压之比。

通带和阻带的界限频率称为截止频率 f_p。当 $|\dot{A}_u|$ 下降到 $|A_{up}|$ 的 $\frac{1}{\sqrt{2}}$(即下降 3 dB)时,对应的频率 f_p 称为通带截止频率。滤波电路的幅频特性以 f_p 为边界频率,实际滤波特性通带与阻带之间有过渡带,以低通滤波电路为例,如图 3 – 31 所示,过渡带越窄滤波电路的选择性越好。

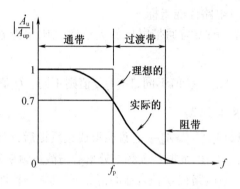

图 3 – 31　低通滤波电路的幅频特性

2. 有源低通滤波电路(LPF)

(1)基础知识

将串联的两节 RC 低通网络直接与同相比例电路相连,可构成图 3 – 32 所示二阶压控

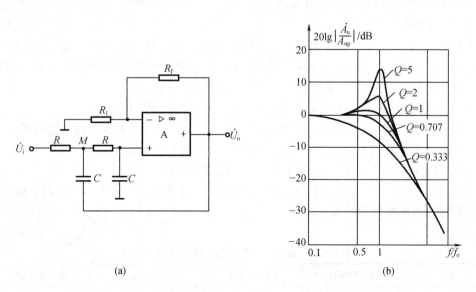

(a)　　　　　　　　　　　　(b)

图 3 – 32　二阶压控电压源 LPF 及幅频特性

(a)LPF 电路;(b)幅频特性

LPF,在过渡带可获得 -40 dB/十倍频程的衰减特性。

常见的二阶有源低通滤波电路主要有简单的二阶有源低通滤波电路和二阶压控电压源有源滤波电路两种。输入信号一般引到集成运放的同相输入端,构成同相输入方式。其优点是,所用元器件较少,输入电阻高,性能调节方便,输出电阻小,带负载能力强等。诸如以上优点,通常的设计中主要采用同相输入有源滤波电路。简单二阶有源低通滤波 LPF 电路在 $f>f_0$ 以后,幅频特性以 -40 dB/十倍频程的速率下降,比一阶的 LPF 下降快。但在通带截止频率 f_0 附近,幅频特性下降的还不够快。简单二阶有源低通滤波电路的通带截止频率 $f_p \approx 0.37 f_0$。为了使 f_0 附近的电压放大倍数提高,改善在 f_0 附近的滤波特性,将简单 LPF 电路中的第一级电容 C 接至输出端,形成适量的正反馈,从而构成二阶压控电压源低通滤波电路,如图 3 - 32 所示。

(2)二阶有源低通滤波电路性能指标

$f=f_0$ 时的电压放大倍数的模与通带电压放大倍数之比称为 Q 值,而 Q 值的大小只取决于 A_{up} 的大小。

$Q=\dfrac{1}{3-A_{up}}$,$|\dot{A}_u|_{f=f_0}=QA_{up}$。$Q$ 值不同,$|\dot{A}_u|_{f=f_0}$ 值则不同。Q 值愈大,$|\dot{A}_u|_{f=f_0}$ 愈大,为了具有较好的补偿效果,要求 $A_{up}<3$。

当 $2<A_{up}<3$ 时,$Q>1$,$|\dot{A}_u|_{f=f_0}>A_{up}$。这说明形成正反馈后,可使 $\dot{U}_o$ 的幅值在 $f\approx f_0$ 范围内得到加强。$Q=0.7$ 是最佳补偿,此时特征频率处增益与截止频率处增益相同。$Q>0.7$ 时是增益补偿。因此,图 3 - 32(a)电路在 Q 值合适的情况下,其幅频特性能得到较大的改善。

3.4.3 设计范例

根据对滤波器特性的要求,设计某种类型的 n 阶滤波器,首先需要将 n 阶传递函数分解为若干个低阶(一阶或二阶)传递函数的乘积形式。我们这里以常见的二阶压控低通滤波器为例,介绍该类滤波器的设计过程。

1. 设计过程

【范例1】设计一低通滤波电路,要求其截止频率 f_p 为 3 kHz,$Q=0.7$,$f\gg f_0$ 处的衰减速率不低于 30 dB/10 频程。画出其幅频特性曲线。截止频率和增益等的误差要求在 $\pm10\%$ 以内。

(1)首先选择电路形式,根据设计要求确定滤波器的阶数 n。

①由衰减速率要求 $-20n$ dB/十倍倍频 >30 dB/十倍频程,算出 $n=2$。

②根据题目要求,选择图 3 - 32 所示的二阶压控电压源低通有源滤波电路形式。

(2)根据传输函数的要求设计电路中相应元器件的具体数值。

①根据滤波器的特征频率 f_0 选取电容 C 和电阻 R 的值。

电容 C 的大小一般不超过 1 μF,电阻 R 取值为 kΩ 数量级。表 3 - 15 给出了截止频率 f 与电容值的选择参考对照表。

表 3 - 16 截止频率与所选电容的参考对照表

f	10 ~ 100 Hz	0.1 ~ 1 kHz	1 ~ 10 kHz	10 ~ 100 kHz
C	1 ~ 0.1 μF	0.1 ~ 0.01 μF	0.01 ~ 0.001 μF	1 000 ~ 100 pF

设电容 C 的取值为 0.033 μF,则

$$f_0 = \frac{1}{2\pi RC} = \frac{1}{2\pi R \times 0.033 \times 10^{-6}} = 3 \text{ kHz}$$

计算得 $R = 1\,592$ Ω,电阻 R 取标称值为 1.6 kΩ。

②根据 A_{up} 确定电阻 R_1 和 R_f 的值。

$$A_{up} = 1 + \frac{R_f}{R_1} \approx 1.57$$

又因为集成运放两输入端的外接电阻需对称,可得

$$\begin{cases} 1 + \dfrac{R_f}{R_1} = 1.57 \\ R_f /\!/ R_1 = R + R = 2R \end{cases}$$

解得 $R_1 = 8.81$ kΩ,$R_f = 5.02$ kΩ,因此取 $R_1 = 9.1$ kΩ,$R_f = 5.1$ kΩ。

(3)如果有灵敏度的要求,再进一步根据灵敏度对元件参数值的误差和稳定性提出限制。

【范例2】设计一个低通滤波电路,其截止频率 f_p 为 1 kHz,Q 值为 1.0,$f \gg f_0$ 处的衰减速率不低于 30 dB/10 频程。

(1)电路形式选择。

二阶压控电压源 LPF 特点:$f \gg f_0$ 时,幅频特性的斜率为 -40 dB/十倍频程;$A_{up} < 3$,$R_f < 2R_1$;当 $Q = 1$,即 $R_f = R_1$ 时,滤波效果最佳。

本题中由衰减速率及 Q 值确定电路为二阶压控电压源低通滤波电路。

(2)确定电路中相应元器件的取值。

分析:若 Q 值不等于 0.7,则需根据二阶压控电压源 LPF 的频率特性计算 f_0 与 f_p 之间的关系,计算式如下

$$\dot{A}_u = \frac{\dot{A}_{up}}{1 - \left(\dfrac{f}{f_0}\right)^2 + j\dfrac{1}{Q}\dfrac{f}{f_0}}$$

根据通带截止频率 f_p 的定义,对应 $f = f_p$ 时公式中分母的模为 $\sqrt{2}$,计算得 f_0 与 f_p 之间的关系。表 3-17 给出了部分计算结果。

表 3-17　f_0 与 f_p 之间的关系

$Q = 1.0$	$f_p = 1.272f_0$
$Q = 1.5$	$f_p = 1.430f_0$
$Q = 2.0$	$f_p = 1.485f_0$

①此题中截止频率为 1 kHz,Q 值为 1.0,查表得对应截止频率与特征频率关系为 $f_p = 1.272f_0$,则特征频率为 0.786 kHz。

②根据特征频率 f_0 选取电容 C 和电阻 R 的值。

为满足电路的性能指标,电容 C 的大小一般不超过 1 μF,电阻 R 取值由特征频率 f_0 和电容确定,通常为 kΩ 数量级。表 3-18 给出了截止频率 f 与电容值的选择参考对照表。

表 3 −18   截止频率 f 与所选电容 C 的参考对照表

f	10 ~ 100 Hz	0.1 ~ 1 kHz	1 ~ 10 kHz	10 ~ 100 Hz
C	1 ~ 0.1 μF	0.1 ~ 0.01 μF	0.01 ~ 0.001 μF	1 000 ~ 100 pF

设电容 C 的取值为 0.1 μF，因此有 $f_0 = \dfrac{1}{2\pi RC} = \dfrac{1}{2\pi R \times 0.1 \times 10^{-6}} = 0.786$ kHz。

计算得 $R = 2.02$ kΩ，取标称值为 2 kΩ。

③根据 Q 值求 A_{up} 及确定电阻 R_1 和 R_f 的值。

依题意 $Q = \dfrac{1}{3 - A_{up}} = 1.0$，则 $A_{up} = 1 + \dfrac{R_f}{R_1} \approx 2$。

又因为集成运放两输入端的外接电阻需对称，可得

$$\begin{cases} 1 + \dfrac{R_f}{R_1} = 2 \\ R_1 /\!/ R_f = R + R = 2R \end{cases}$$

解得 $R_1 = R_f = 8$ kΩ，因此取标称值 $R_1 = R_f = 8.2$ kΩ。

在进行实际实验之前，需要先对设计电路进行仿真分析，将应用电路仿真工具 Multisim 对所设计电路进行仿真，并根据仿真分析结果对电路中的元件作出适当的调整。

2. Multisim 仿真分析

利用 Multisim 对所设计的二阶压控电压源低通滤波器作仿真分析，设计［范例 1］仿真电路的过程如下：

（1）进入 Multisim 10.1 仿真环境，从元件库中调用电阻、电容、运放等元件，均按上述设计要求选取，连接地线、节点等，创建仿真电路如图 3 − 33 所示。

（2）搭接电阻分压电路，提供静态时直流电压幅度 1 V，测量此时的输出电压幅度，可以计算得到通带电压放大倍数 A_{up}。

（3）测量动态指标，加入交流信号，信号源频率为 1 kHz，幅值为 1 V。

仿真得到二阶低通滤波幅频特性曲线，如图 3 − 34 所示。

3. 通过观察图 3 − 34 所示幅频特性曲线，自行测量截止频率是否符合要求，请思考如何计算下降率指标。

4. 可以依照上述方法对［范例 2］进行仿真。

3.4.4　设计选题

基本选题 A. 设计一低通滤波电路，要求其截止频率 f_p 为 400 Hz，$Q = 0.7$，$f \gg f_0$ 处的衰减速率不低于 30 dB/10 频程。截止频率和增益等的误差要求在 ±10% 以内。画出其幅频特性曲线。

扩展选题 B. 设计一低通滤波电路，其截止频率 f_0 为 50 kHz，Q 值为 1.7，$f \gg f_p$ 处的衰减速率不低于 30 dB/10 频程。

扩展选题 C. 设计二阶有源低通滤波器。要求截止频率 $f_0 = 1\ 000$ Hz，通带内电压放大倍数 $A_{up} = 15$，品质因数 $Q = 0.707$。

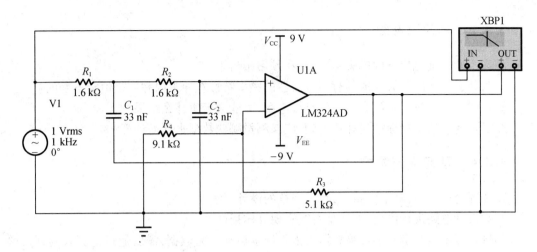

图 3 - 33　仿真二阶低通滤波器电路

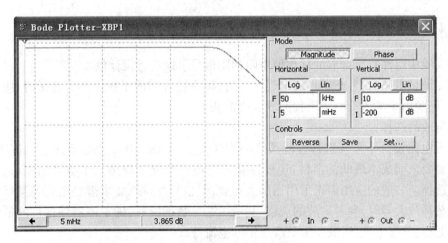

图 3 - 34　仿真二阶低通滤波器幅频特性曲线

扩展选题 D. 设计一个二阶低通滤波器,使用如图 3 - 35 所示电路形式,通带电压放大倍数为 2,截止频率 $f_p = 5$ kHz。

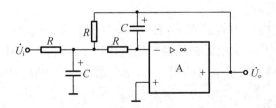

图 3 - 35　二阶低通滤波器

设计思路:该电路为无限增益多路反馈性滤波器。设计时读者需参考其他资料,采用查表法确定参数。

3.4.5　预习思考题

请在实验之前完成下面的思考题,写在预习报告里。

1. 为什么由实际运放构成的有源滤波器的频率特性在通带内并不是恒定不变的?

2. 如果在实验过程中没有运放没有接电源,可能会产生什么结果?

3. 下降速率这个指标如何计算得到,应该测量哪些数据来辅助计算?

3.4.6　预习报告要求

1. 选择合适选题,画出电路图,写出完整的设计过程。

2. 对设计电路进行仿真,确认是否能实现具体指标。

3. 自行拟定实验步骤和实验数据表格。记录仿真实验数据,需要通过仿真来验证实验步骤和实验数据表格是否合理。

4. 完成预习思考题。

3.4.7　实验注意事项

1. 实验中应注意所选取的标称值电阻的阻值尽可能接近设计值。

2. 在调试电路时,考虑器件的电气性,尽量减少器件间的干扰。静态测量时,应使输入端接地,避免由于输入端引入干扰造成运放饱和。

3. 运放的选择:

集成电路设计不需要选择性能最优的模块及器件,而是满足系统要求的情况下,选择满足性能要求而成本最低的器件,还要综合考虑电路的复杂程度。了解应用要求,以做出正确的选择。一般的应用需求采用通用型运放,但也有些特殊要求需要用到各类特殊的运放。在选择放大器时,参考运放的规格、制造工艺等数据资料,确定该器件运行的最大电压和最小电压、静态电流、运放要为负载提供的电流等。

4. 电源供电采用双电源的连接方式。

所有的运放都有两个输入端、一个输出端和两个电源引脚端,标志为 VCC + 和 VCC −,有些时候它们的标志是 VCC + 和 GND。运放采用双电源供电,双电源供电应使正电源负极与负电源正极同时和电路接地端相连,正负电源电压接入值相同。

5. 电阻和电容的选取:

一般来说,普通的应用中阻值在 1 kΩ ~ 100 Ω 是比较合适的。高速的应用中阻值在 100 Ω 到 1 kΩ,但它们会增大电源的消耗。便携设计中,阻值在 1 MΩ 级到 10 MΩ 级,但是它们将增大系统的噪声。在以上这些例子中,电阻值都小于 100 kΩ。

3.4.8　实验步骤

1. 元件的选取

根据设计的元件值选取元器件,按照设计电路装接电路板,仔细检查电路,确定元件及导线连接无误,接通电源,直流电源电压 $V_{cc} = \pm 12$ V,电源电压由直流稳压电源提供。运放选用通用型集成运放 LM324。通电后首先观察运放有没有出现发热、发烫、烧焦、炸裂等现象,若有上述现象产生,说明运放中流过的电流过大,运放很可能已经损坏,需要及时更换。

2. 测试电路静态工作点

通电测试运放各管脚电压值。考虑到运放 LM324 本身并没有调零端和保护端。测量静态时,输入信号应可靠接地。此时的输出即为运放电路的零点漂移。测量电路的零点漂移,并在后续的测试结果中去掉偏移量,将测量结果填入表 3 – 19。

表 3 – 19

静态测量结果
U_o/mV

3. 通带电压放大倍数

通带电压放大倍数是滤波器一个重要指标。对于 LPF 来说,$f=0$ 时的电压放大倍数是通带电压放大倍数。因此需要搭接分压电路,将直流电源电压分压作为直流输入信号,并测得相应输出结果,填入表 3 – 20 中。如果有两级滤波器级联,应分别测量每一级的输出。

表 3 – 20

通带电压测量结果		
U_i/V	U_o/V	A_{up}

请记录下分压电阻取值 $R_1' = $ _____ Ω,$R_2' = $ _____ Ω。

4. 动态特性测量

在输入端加信号 $U_i = 100$ mVrms,在截止频率附近逐点改变输入信号频率,用示波器或交流毫伏表观察输出信号 U_o 的波形幅度变化,测量相应输出信号并画出幅频特性曲线,同时注意输出电压范围的限制。

滤波器动态特性的测试步骤一般分为粗测和细测。

(1)粗测

输入 $U_i = 1$ V 的正弦波信号,在截止频率附近及几个特征点频率附近改变输入信号的频率,在保证输出波形不失真及 U_i 幅度不变的情况下,观察并记录输出信号 U_o 的幅度。验证滤波器的频率特性,观察其输出特性是否具有相应的低通特性。若不满足设计要求则需重新检查电路,排除故障。

实验调整,修改元件值,使相应的幅频特性、截止频率等性能参数满足设计要求。

(2)细测

U_i 幅度不变,进一步改变输入信号的频率,测量相应输出电压 U_o。特别在曲率变化较大处多测几点,所测频率点应大于 10 个,并特别注意观测滤波电路的截止频率点。如表 3 – 21 所示,绘制实验数据表格,记录数据,并描绘出滤波器的幅频特性曲线。

以输入信号频率的对数为横坐标,电压增益的分贝数 $A_u = 20 \lg \dfrac{U_o}{U_I}$ 为纵坐标,由所测结果描绘低通滤波器的幅频特性曲线。

表 3 – 21

$U_i =$ _____ Vrms

频率 f/Hz								
U_o/Vrms								
A_u								
20 lg A_u/dB								

根据实验测得数据计算截止频率和下降速率。若某项指标偏差较大,应根据性能参数的表达式调整、修改相应元件的值。

3.4.9　实验报告要求

1. 自拟实验数据表格,列出测量数据并进行计算,与仿真数据和理论计算值相比较,分析结果。

2. 用半对数坐标纸画出幅频特性曲线。

3. 对实现过程中出现的现象(波形、数据)和调测过程进行分析与总结,详细记录实验故障和解决方法。

3.5　运放的线性应用(5)——其他有源滤波电路的设计和调试

3.5.1　实验目的

(1)熟悉有源高通及带通滤波器的基本原理、电路结构和基本性能。

(2)掌握有源高通及带通滤波器的基本设计方法。

(3)掌握滤波电路参数的幅频特性测量及性能分析方法。

3.5.2　实验原理

1. 有源高通滤波电路(HPF)

HPF 与 LPF(有源低通滤波电路)几乎具有完全的对偶性,把图 3 – 32 中的 R 和 C 位置互换就构成如图3 – 36所示的二阶压控电压源有源 HPF。二者的幅频特性和传递函数表达式等都具有对偶性,高通滤波电路的设计方法与低通滤波电路类似。

2. 有源带通滤波电路(BPF)

BPF 是只允许某一段频率信号通过,而阻止或抑制其他频率范围内的信号通过的电路。BPF 构成的原则是 LPF 与 HPF 相串联。LPF 的通带截止频率 f_{p1} 高于 HPF 的通带截止频率 f_{p2},$f > f_{p1}$ 的信号被 LPF 滤掉;$f < f_{p2}$ 的信号被 HPF 滤掉,只有 $f_{p2} < f < f_{p1}$ 的信号才能顺利

通过。有源带通滤波电路有两种实现方式：一种是由 LPF 和 HPF 直接串联；另一种是采用 RC 网络分别构成 LPF 和 HPF，串联后再经过运放放大。带通滤波器电路如图 3 − 37 所示。

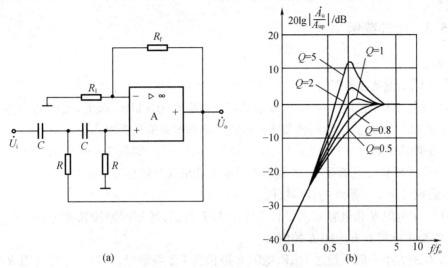

图 3 − 36　二阶压控电压源 HPF 及幅频特性

（a）二阶压控电压源 HPF；（b）幅频特性

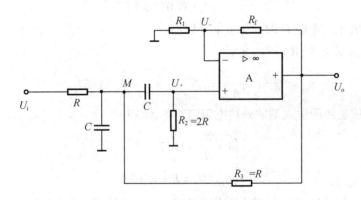

图 3 − 37　二阶压控电压源 BPF 电路

BPF 电路主要参数：

（1）同相比例电路的电压放大倍数 $A_{uf} = 1 + \dfrac{R_f}{R_1}$。

（2）频率特性和通带电压放大倍数 $\dot{A}_u = \dfrac{1}{1 + \mathrm{j}\dfrac{1}{3 - A_{uf}}\left(\dfrac{f}{f_0} - \dfrac{f_0}{f}\right)}\dfrac{A_{uf}}{3 - A_{uf}}$。

其中，$f_0 = \dfrac{1}{2\pi RC}$ 称为 BPF 的中心频率，滤波器的最大输出电压峰值出现在中心频率 f_0 的频率点上。将 $f = f_0$ 时 $\dot{A}_u$ 的值称为 BPF 的通带电压放大倍数 A_{up}，$A_{up} = \dfrac{A_{uf}}{3 - A_{uf}}$。

有源 BPF 的 A_{up} 不等于 A_{uf}。

带通滤波器的带宽越窄,选择性越好,电路的品质因数 Q 越高。

3.5.3 设计范例

1. 设计过程

【范例1】高通滤波器设计

设计一个二阶压控电压源 HPF,要求其截止频率 f_p 为 3 kHz,$f \leqslant f_0$ 处的衰减速率不低于 30 dB/十倍频程,画出其幅频特性曲线。截止频率和增益的误差要求为 ±10%。

(1)根据 HPF 特性,设计电路为二阶压控电压源 HPF,如图 3 - 36 所示,$Q = 0.7$,截止频率 f_p 与特征频率 f_0 近似相等,经判断可以基本满足以上题目设计要求。

(2)确定电路中元器件的具体数值。

①HPF 中电阻 R 和电容 C 的设计方法与 LPF 类似,即根据滤波器的特征频率 f_0 选取 RC 滤波电路中电容 C 和电阻 R 的值。

电容 C 的大小一般不超过 1 μF,电阻 R 取值为 kΩ 数量级,可以先选定电阻 R 来确定电容 C,也可以先设定电容 C 的值再取电阻,我们在这里选择后一种方案,设电容 C 的取值均为 0.033 μF,特征频率为

$$f_0 = \frac{1}{2\pi RC} = \frac{1}{2\pi R \times 0.033 \times 10^{-6}} = 3 \text{ kHz}$$

计算得 $R = 1\,592\ \Omega$,电阻 R 取标称值 1.6 kΩ。

②根据 A_{up} 确定电阻 R_1 和 R_f 的值

$$Q = \frac{1}{3 - A_{up}} = 0.7, A_{up} = 1 + \frac{R_f}{R_1} \approx 1.57$$

又因为集成运放两输入端的外接电阻需对称,可得

$$\begin{cases} 1 + \dfrac{R_f}{R_1} = 1.57 \\ R_f /\!/ R_1 = R + R = 2R \end{cases}$$

解得 $R_1 = 8.81$ kΩ,$R_f = 5.02$ kΩ,因此取 $R_1 = 9.1$ kΩ,$R_f = 5.1$ kΩ。

【范例2】带通滤波电路设计 1

设计一个二阶有源带通滤波器 BPF,要求中心频率 $f_0 = 1.5$ kHz,通带电压放大倍数 $A_{up} = 1.57$,画出其幅频特性曲线。

带通滤波器电路如图 3 - 37 所示。通常在滤波器仿真和实验中带通滤波器会有一个中心频率 f_0,因此可以由带通滤波器中心频率确定相应低通及高通滤波电路中的 R、C 取值。

电容 C 的大小一般不超过 1 μF,电阻 R 取值为 kΩ 数量级,设电容 C 的取值为 0.033 μF,则

$$f_0 = \frac{1}{2\pi RC} = \frac{1}{2\pi R \times 0.033 \times 10^{-6}} = 1.5 \text{ kHz}$$

计算得 $R = 3.217$ kΩ,电阻 R 取标称值为 3.3 kΩ。

又因为集成运放两输入端的外接电阻需对称,可得

$$\begin{cases} 1 + \dfrac{R_F}{R_1} = 1.57 \\ R_F \mathbin{/\mkern-5mu/} R_1 = R + R = 2R \end{cases}$$

解得 $R_1 = 18.18\ \text{k}\Omega$，$R_F = 10.36\ \text{k}\Omega$，因此取 $R_1 = 18\ \text{k}\Omega$，$R_F = 10\ \text{k}\Omega$。

【范例3】带通滤波电路设计 2

设计一个一阶有源带通滤波器 BPF，要求其截止频率分别为 $f_{p1} = 1\ \text{kHz}$ 和 $f_{p2} = 3\ \text{kHz}$，通带电压放大倍数 $A_{up} = 1.57$。

一阶带通滤波器可以由两种方式构成。

方式 1：直接由 LPF 及 HPF 串联构成 BPF。范例 2 中使用的就是用这种方式来设计 BPF。

由带通滤波器上下限截止频率确定相应低通及高通滤波电路中的 R、C 取值。

根据题意，LPF 的截止频率为 3 kHz，HPF 的截止频率为 1 kHz，计算低通及高通滤波电路中电阻 R 和电容 C 的值。电路中电阻 R 取值为 kΩ 数量级，先决定电容，电容 C 的大小一般不超过 1 μF，设实验中电容 C 均取 0.033 μF，计算对应的 HPF 及 LPF 中电阻 R 的大小。HPF：

$$f_0 = \frac{1}{2\pi RC} = \frac{1}{2\pi R \times 0.033 \times 10^{-6}} = 1\ \text{kHz}$$

$$R = \frac{10^3}{2\pi \times 0.033} = 4.83\ \text{k}\Omega$$

因此 HPF 中电阻 R 取标称值 4.8 kΩ。

LPF：

$$f_0 = \frac{1}{2\pi RC} = \frac{1}{2\pi R \times 0.033 \times 10^{-6}} = 3\ \text{kHz}$$

对应 LPF 中电阻 R 取标称值 1.6 kΩ。

方式 2：采用 RC 网络分别构成 LPF 和 HPF，串联后再经过运放放大实现。

BPF 中 LPF 和 HPF 中电阻 R 与电容 C 的取值分别由带通滤波器的上下限截止频率决定，但电路中低通滤波器 LPF 截止频率应高于高通滤波器 HPF 截止频率。方式 2 中 LPF 及 HPF 中电阻电容取值方式与方式 1 相同。HPF 中电阻 R 取值为 4.8 kΩ，LPF 中电阻 R 取值为 1.6 kΩ。

通带电压放大倍数 $A_{up} = 1.57$，因此有 $1 + \dfrac{R_f}{R_1} = 1.57$，同时根据电路中电阻的对称性要求，电阻 R_1 及 R_f 取标称值 $R_1 = 27\ \text{k}\Omega$，$R_f = 47\ \text{k}\Omega$。

在进行实际实验之前，应用电路仿真工具 Multisim 对所设计电路进行仿真，并根据仿真分析结果对电路中的元件作出适当的调整。

2. Multisim 仿真分析

(1) 高通滤波器仿真

① 在 Multisim 中对所设计的二阶压控电压源 HPF 作仿真分析，仿真电路如图 3 - 38 所示。

② 逐点测得输入信号 $f = 0 \sim 10\ \text{kHz}$ 内各频率点对应的输出信号波形，测得相应电压幅值，自拟实验数据表格，完成幅频特性测量。

③在 Multisim 中，利用波特图仪仿真二阶高通滤波器及频率特性图如图 3 - 39 所示。

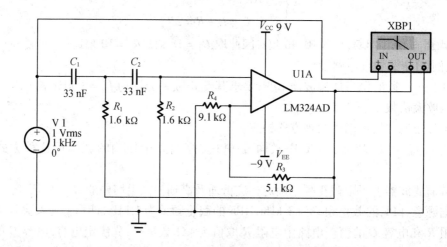

图 3 - 38　二阶压控电压源 HPF 仿真电路

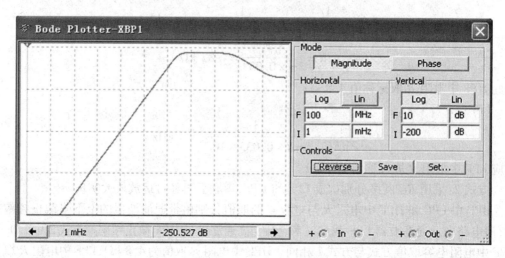

图 3 - 39　HPF 频率特性

④请自行计算通带电压放大倍数、上、下限截止频率和下降速率指标是否满足需要。

（2）带通滤波器仿真 1

①对范例 2 中的带通滤波器进行仿真，仿真电路如图 3 - 40 所示。请自行利用示波器采用逐点法完成频率特性的测量，参考图 3 - 41。

②将图 3 - 40 中的示波器换成波特图仪。在仿真电路中改变输入信号的频率，测量相应输出电压幅度。

仿真 BPF 频率特性如图 3 - 42 所示。请自行计算上、下限截止频率和下降速率的指标。

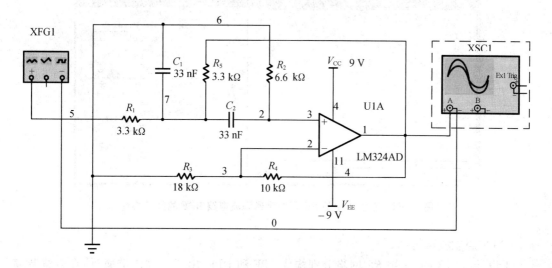

图 3 – 40　范例 2 的 *RC* 网络带通滤波器仿真电路

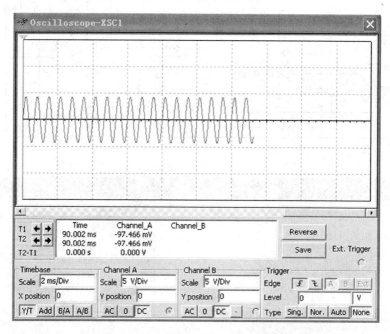

图 3 – 41　范例 2 中采用 *RC* 网络带通滤波器 **BPF** 的输出波形

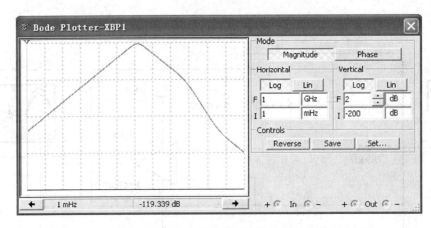

图 3-42　范例 2 中的 RC 网络带通滤波电路 BPF 的频率特性

（3）带通滤波器仿真 2

①设计范例 3 中，采用 RC 网络分别构成 LPF 和 HPF，串联后构成带通，仿真电路及频率特性如图 3-43 所示。

②请自行验证上、下限截止频率和下降速度是否满足指标要求。

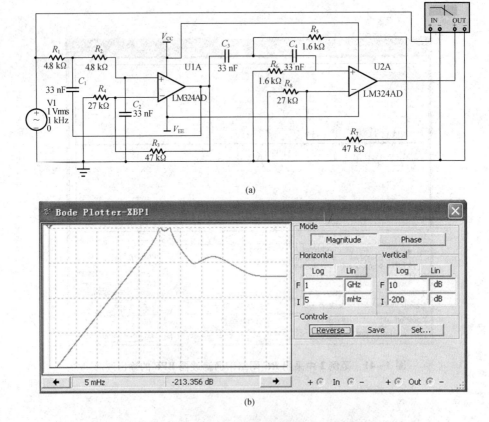

图 3-43　范例 3 中串联带通滤波电路 BPF 仿真电路及频率特性

(a)仿真电路；(b)频率特性

③请比较一下［范例 2］和［范例 3］,这两种设计带通滤波器的方法异同点在哪里?

3.5.4　设计选题

基本选题 A. 设计一个高通滤波电路,要求其截止频率 f_p 为 400 Hz, $Q=1$, $f \ll f_0$ 处的衰减速率不低于 30 dB/10 频程,截止频率和增益的误差要求为 $\pm 10\%$,画出其幅频特性曲线。

扩展选题 B. 设计一个有源带通滤波电路,要求能够实现语音滤波功能,能抑制低于 300 Hz 和高于 3 000 Hz 的信号,通带增益达到 8 dB 以上。阻带衰减速率可以达到 -30 dB/十倍频程。

3.5.5　预习思考题

1. 为什么由实际运放构成的有源滤波器的频率特性在通带内并不是恒定不变的?
2. 如果在实验过程中运放电源没开,可能会产生什么结果?
3. 设计的有源高通滤波电路与无源高通电路相比实验特性会有什么不同?

3.5.6　预习报告要求

1. 选择合适选题,画出电路图,写出完整的设计过程。
2. 对设计电路进行仿真,确认是否能实现具体指标。
3. 自行拟定实验步骤和实验数据表格。记录仿真实验数据,需要通过仿真来验证实验步骤和实验数据表格是否合理。
4. 完成预习思考题。

3.5.7　实验注意事项

1. 实验中选取的标称值电阻的阻值尽可能接近设计值。
2. 在调试电路时,考虑器件的电气性,尽量减少器件间的干扰。静态测量时,应使输入端接地,避免由于输入端引入干扰造成运放饱和。
3. 运放的选择。集成电路设计不需要选择性能最优的模块及器件,而是满足系统要求的情况下,选择满足性能要求而成本最低的器件,还要综合考虑电路的复杂程度。了解自己的应用要求,以做出正确的选择。在没有特殊要求的情况下,一般选用通用型运算放大器。在选择放大器时,参考运放的规格、制造工艺等数据资料,确定该器件运行的最大电压和最小电压、静态电流、运放要为负载提供的电流等。
4. 电源供电采用双电源的连接方式。运放采用双电源供电,双电源供电应使正电源负极和负电源正极同时与电路接地端相连,正负电源电压接入值相同。
5. 电阻和电容值的选取。一般来说,普通的应用中阻值在 1 kΩ ~ 100 kΩ 是比较合适的。高速的应用中阻值在 100 Ω 到 1 kΩ,但它们会增大电源的消耗。便携设计中阻值在 1 MΩ ~ 10 MΩ,但是它们将增大系统的噪声。在以上这些例子中,电阻值都小于 100 kΩ。
6. 元器件参数变化对滤波器性能的影响:实现一个滤波电路的特性可以采用许多种电路,如果电路元件都是理想元件且都为标准的设计参数值,那么无论采用哪种电路或哪种设计方法,所得到的电路性能都应该与理论特性相符。但实际上,由于元件制造的误差、环境温度对元件参数的影响以及元件老化等原因,都会使元件实际参数偏离设计值,因而改变滤波电路的特性。这种因元件参数的相对变化引起电路特性参数相对变化的数值,表明了电路特性对元件参数变化的依赖程度,称为元件的灵敏度。灵敏度低的电路或设计方法,元件参数的偏差对电路特性的影响小。

3.5.8 实验步骤

1. 选取元器件

根据设计参数选取元器件,根据设计电路图安装并检查电路,确定元件及导线连接无误后才可接通电源,双电源供电,直流电源电压 $V_{cc} = \pm 12$ V,采用通用型运放 LM324。通电后首先观察运放有没有出现发热、发烫等现象,若有上述现象产生,需要及时更换芯片。

2. 测试电路静态工作点

通电测试运放各管脚电压值。测量电路的零点漂移,并在测试结果中去掉偏移,量测量结果填入表 3 – 22。

表 3 – 22

静态测量结果	
U_o/mV	

注意,测量静态时,输入信号及电路中地端应可靠接地。

3. 通带电压放大倍数及截止频率的测量

根据定义,高通滤波电路取 $f \to \infty$ 时输出电压与输入电压的比值作为通带内电压增益 A_{up}。在实际测量中,取 $f \geq 10f_p$ 时测得的电压放大倍数作为通带增益。本题中 $f_p = 1.5$ kHz,因此建议在 $f > 15$ kHz 时进行测量。带通滤波器取题目中通带范围内一点测量,但实际实验中应多取几个频率点测试放大倍数。根据这几处放大倍数是否基本恒定以及在频带范围外放大倍数下降速率来最终判断带通滤波器通带放大倍数和截止频率。若不满足设计要求则需重新检查电路,调整元器件值。

(1)通电电压放大倍数:

输入信号 $U_i = $ _____ V;输出电压 $U_o = $ _____ V;测得高通滤波器通带增益 $A_{up} = $ _____。

(2)测量频率特性,采用逐点法,完成后填入表 3 – 23。

表 3 – 23　动态特性参数测量　　　　　　　$U_i = $ _____ V

频率 f/Hz						
U_o/V						
A_u						
20 lg A_u/dB						

根据实验数据计算截止频率 f_p、中心频率 f_0 及带宽 f_{bw}。核算截止频率和增益的误差，若某项指标偏差较大，应根据性能参数表达式分析误差原因，调整相应元件的值。

3.5.9　实验报告要求

1. 自拟实验数据表格，列出测量数据并进行计算，分析结果。

2. 用半对数坐标纸画出幅频特性曲线。

3. 对实现过程中出现的现象（波形、数据）和调测过程进行分析与总结，详细记录实验故障及解决方法，将仿真结果与实验测试值相比较。

3.6　运放的非线性应用——比较器电路的设计和调试

3.6.1　实验目的

(1) 加深理解集成运放非线性应用的原理及特点。

(2) 熟悉电压比较器电路的应用特点及设计方法。

(3) 加深对电压比较器电路工作原理的理解并掌握其特性参数的测试方法。

3.6.2　实验原理

电压比较器的功能是比较两个输入电压的大小，并根据比较结果输出高电平或低电平电压，据此来判断输入信号的大小和极性。比较器常用于越限报警、模/数转换和产生、变换波形等场合。常用的电压比较电路主要有简单比较器、滞回比较器和窗口比较器几种。对它的要求是电压幅度鉴别的准确性、稳定性、输出电压反应的快速性以及抗干扰能力等。

1. 简单电压比较器

简单电压比较器是将一个模拟输入信号 u_i 与一个固定的参考电压 U_R 进行比较的电路。简单电压比较器又分为过零比较器和非过零比较器。其中参考电压值为零的比较器称为零电平比较器，又称过零比较器。若参考电压 U_R 不固定为零，它的大小和极性均可调整，则电路成为任意电平比较器或称非过零比较器。非过零比较器阈值 $u_{TH} = U_R$，输出电压发生跳变。按输入方式的不同比较器可分为反相输入和同相输入两种，简单比较器电路和输入输出关系如图 3-44 所示，运算放大器工作在非线性状态。

$U_+ = U_-$ 时，阈值电压 U_{TH} 是使比较器输出电压发生跳变时的输入电压值。

有时，为了和后面的电路相连以适应某种需要，防止输入信号过大，损坏集成运放，常常希望减小比较器输出幅度。除了在比较器的输入回路中串接电阻外，还可以在集成运放的两个输入端之间并联两个相互反接的稳压管限制输出信号的幅度，为了使比较器输出的正向幅度和负向幅度基本相等，可将双向稳压管接在电路的输出端或接在反馈回路中，如图 3-45 所示。这时，$U_{OH} \approx + U_Z$，$U_{OL} \approx - U_Z$。

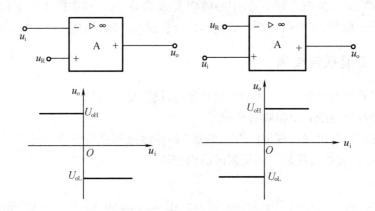

图 3 – 44　简单比较器($U_R = 0$)

(a)反相输入;(b)同相输入

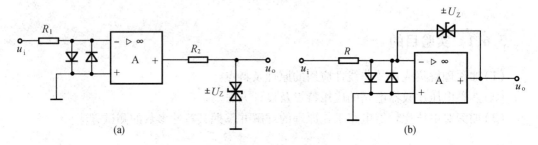

图 3 – 45　限幅电路及过压保护电路

(a)稳压管接在输出端;(b)稳压管接在反馈回路

若将输入信号 u_i 和参考电压 U_R 均接在反相输入端,则构成反相求和型电压比较器。此电压比较器可用来检测输入信号的电平,又称它为电平检测比较器。其电路如图 3 – 46 所示。经推导,其电压比较器阈值为 $U_{TH} = -\dfrac{R_1}{R_2}U_R$。

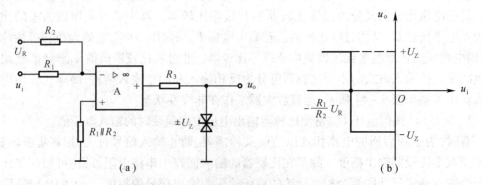

图 3 – 46　电平检测比较器电路及传输特性

(a)电平检测比较器电路;(b)传输特性

这个电平比较器在输入信号 $u_i = -\dfrac{R_1}{R_2} U_R$ 时转换状态，改变 U_R 的大小、极性或 R_1/R_2 的比值，可检测不同幅度的输入信号。

2. 滞回电压比较器

滞回电压比较器有两个阈值，且不相等，当输入信号 u_i 逐渐增大或逐渐减小时，跳变时刻不同。滞回电压比较器也有反相输入和同相输入两种方式。它们的电路如图 3 – 47 所示。

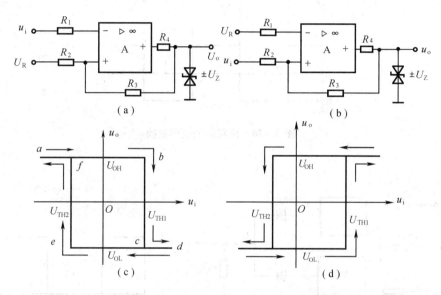

图 3 – 47　反相输入、同相输入滞回电压比较器电路及传输特性曲线

滞回电压比较器有两个阈值且不相等。以反向输入滞回电压比较器为例，当 u_i 足够低时，u_o 为高电平，$U_{OH} \approx +U_Z$；当 u_i 从足够低逐渐上升到阈值 U_{TH1} 时，u_o 由 U_{OH} 跳变到低电平 $U_{OL} \approx -U_Z$。

正向过程的阈值为

$$U_{TH1} = \frac{R_3 U_R + R_2 U_{OH}}{R_2 + R_3} = \frac{R_3 U_R + R_2 U_Z}{R_2 + R_3}$$

反过来，当 u_i 足够高时，u_o 为低电平，$U_{OL} \approx -U_Z$；u_i 从足够高逐渐下降使 u_o 由 U_{OL} 跳变为 U_{OH} 的阈值为 U_{TH2}，负向过程的阈值为

$$U_{TH2} = \frac{R_3 U_R + R_2 U_{OH}}{R_2 + R_3} = \frac{R_3 U_R - R_2 U_Z}{R_2 + R_3}$$

同时电压比较器还可以用作波形变换电路，如将正弦波或三角波等变成方波信号。比较器实现波形变换如图 3 – 48 所示。

3. 窗口电压比较器

窗口电压比较器可用于判断输入电压 u_i 是否在两个电平之间，也可以检测输入信号高于某一个阈值或低于某一个阈值的情况。

窗口比较器的特点是，在输入信号单方向变化 u_i 从足够低单调升高到足够高或由足够

高单调降低到足够低过程中,可使输出电压u_o跳变两次,其传输特性如图 3 − 49(b)所示。窗口比较器提供了两个阈值和两种输出稳定状态,可用来判断 u_i 是否在某两个电平之间。

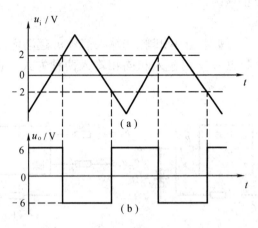

图 3 − 48　比较器的波形变换

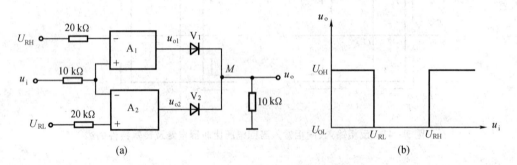

图 3 − 49　窗口比较器电路及其传输特性

(a)窗口比较器电路;(b)传输特性

窗口比较器可用两个阈值不同的电平比较器组成。阈值小的电平比较器采用反相输入接法,阈值大的电平比较器采用同相输入接法。再用两只二极管将两个简单比较器的输出端引到同一点作为输出端,具体电路如图 3 − 49(a)所示。参考电压 $U_{RH} = U_{RL}$,输入电压 u_i 与参考电压 U_{RH}、U_{RL} 的大小分三种情况。

(1)当 $u_i < U_{RL}$ 时,u_{o2} 为高电平,二极管 V_2 导通。因 $u_i < U_{RH}$,u_{o1} 为低电平(负值),二极管 V_1 截止。这种情况该电路相当于反相输入电平比较器。此时,$u_o \approx u_{o2} = U_{OH}$。

(2)当 $u_i > U_{RH}$ 时,u_{o1} 为高电平,V_1 导通,当 $u_i > U_{RL}$ 时,u_{o2} 为低电平(负值),V_2 截止。这种情况该电路相当于同相输入简单比较器。此时 $u_o \approx u_{o1} = U_{OH}$。

(3)当 $U_{RL} < u_i < U_{RH}$ 时,u_{o1} 和 u_{o2} 均为低电平,V_1 和 V_2 均截止,因此 $u_o = 0$,此时窗口比较器输出为零电平。

因此窗口比较器有两个阈值 U_{RH} 和 U_{RL},有两个稳定状态。

3.6.3 设计范例

1. 设计过程

【范例1】设计一个简单过零电压比较器电路。

根据题目要求,设计电路为一个过零电压比较器。为使电路更加对称,减小噪声及抑制干扰,同相端及反相端对地等效电阻应尽可能相等。电压比较器是模拟电路与数字电路之间的过渡电路。但通用型集成运放构成的电压比较器的高、低电平与数字电路 TTL 器件的高、低电平的数值相差很大,一般需要加限幅电路才能驱动 TTL 器件,而且响应速度低。因此在输出端加双向稳压管限制输出幅度,并采用转换速率较高的集成运放器件,实际采用的电路形式如图 3 – 45 所示。

【范例2】用运算放大器构成一个滞回电压比较器,参考电压 $U_R = 0$ V,输入周期性三角波信号 $U_{ip} = 4$ V,观察电路实验结果,测量输出端信号的幅度 U_{om} 及频率 f。

根据选题要求,采用反相滞回电压比较器电路(如图 3 – 50 所示),根据电路对称性要求,比较器参数为:$R_1 = 10$ kΩ,$R_2 = 15$ kΩ,$R_3 = 30$ kΩ,限流电阻 $R_4 = 3$ kΩ,电源电压 $V_{CC} = \pm 12$ V,参考电压 $U_R = 0$ V,$U_Z = \pm 6$ V。根据公式计算得阈值 $U_{TH1} = 2$ V,$U_{TH2} = -2$ V。输入周期性的三角波信号,幅度 $U_i = 4$ V。在输出端采用双向稳压管限幅。

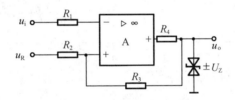

图 3 – 50　反相滞回电压比较器电路

2. Multisim 仿真分析

(1)简单比较器仿真实现

根据设计范例 1 要求,由运放构成简单电压比较器,其中运放采用 OP07,输入正弦波信号幅度 $U_{ip} = 4$ V,频率 $f = 100$ Hz。$U_R = 0$ V,在输出端采用示波器双通道显示输出信号与输入信号的对比波形。简单电压比较器电路及仿真波形如图 3 – 51 所示。观察输出波形,该比较器在零点处输出发生跃变,将正弦波变成方波。

(2)滞回比较器仿真

在 Multisim 中对滞回电压比较器电路进行仿真,反相滞回电压比较器阈值 $U_{TH1} = 2$ V,$U_{TH2} = -2$ V。输入周期性三角波信号,幅度 $U_{ip} = 4$ V。输出端采用双向稳压管限幅。

反相滞回电压比较器仿真电路及波形如图 3 – 52 所示,由图可见,输出信号为矩形波信号,验证了滞回电压比较器的输出特性。由图 3 – 52 可以看出,滞回电压比较器的抗干扰性能明显优于简单比较器,同时比较器完成了从三角波到矩形波的波形变换。读者可进一步测量输出波形跳变时输入信号的值,与滞回电压比较器阈值 U_{TH1}、U_{TH2} 进行比较,正确理解阈值概念。

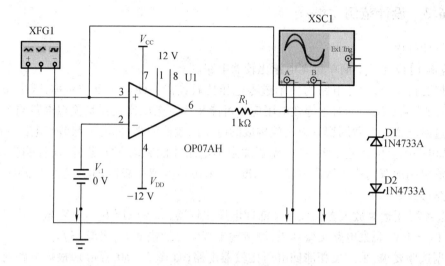

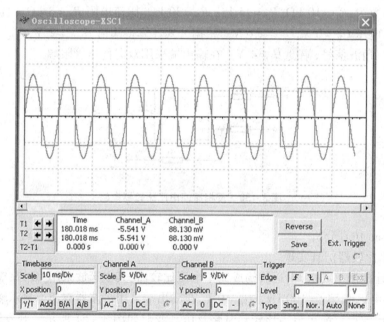

图 3 – 51 $U_{ip} = 4$ V 时电压比较器电路及仿真波形

3.6.4 设计选题

基本选题 A. 设计一个单限比较器,能够将正弦波转换为方波。

扩展选题 B. 设计一电压比较器电路,要求输出周期性的矩形波信号,且矩形波占空比为 0.2。同时比较器具有一定的抗干扰能力,干扰信号幅度可达 0.5 V。

扩展选题 C. 设计一个由运放构成的比较器电路,要求可以产生 PWM(脉宽调制)信号。

扩展选题 D. 设计一个三极管 β 值简单分选器,要求当被测三极管的 $\beta > 250$ 或者 $\beta < 150$ 时,LED 不亮,表示不合格;当 $150 < \beta < 250$ 时,LED 亮,表示合格。

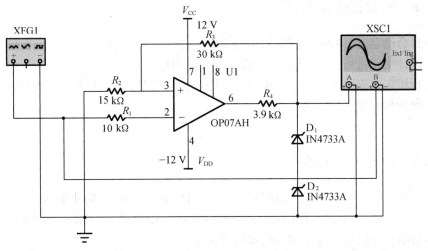

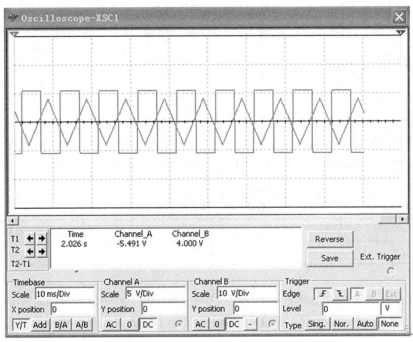

图 3-52 反相滞回电压比较器仿真电路及对应输入输出信号波形

3.6.5 预习思考题

1. 为什么三角波或正弦波峰值达到 2 V 时,运放输出端仍然不出现比较器波形。

2. 为什么由运放构成的比较器电路输出的方波信号波形在上升沿或下降沿与理想方波信号相比更圆滑?

3. 在波形变换电路中,当输入的正弦波幅值不同时,u_o 的脉宽为何相同?

3.6.6　预习报告要求

1. 选择合适选题,画出电路图,写出完整的设计过程。
2. 对设计电路进行仿真,确认是否能实现具体指标。
3. 自行拟定实验步骤和实验数据表格。记录仿真实验数据,需要通过仿真来验证实验步骤和实验数据表格是否合理。
4. 完成预习思考题。

3.6.7　实验注意事项

1. 实际输出电流有一个最大值限制,超过则需外加过流保护,防止烧坏运放。
2. 运放的转换速率反映了不同型号运放对大信号阶跃输入电压的响应能力。所选用的运放本身的转换速率应大于输入信号的变化率。
3. 注意仪器及电路需共地,即仪器和电路的接地端应连接在一点上。
4. 实验过程中,每次换接电路时,必须首先断开电源,以免损坏运放。

3.6.8　实验步骤

1. 简单比较器

(1) 按实验电路图 3 – 51 连接电路,检查电路确认无误,接通电源。

(2) 搭接分压电路得到固定参考电压 $U_R = 1$ V,改变输入直流电压的幅度 ($U_i = 0$ V, 1 V, 2 V),观察并测量对应的输出电压 U_o 波形变化情况并填入表 3 – 24。

表 3 – 24　输出电压变化

U_i/V	0	1	2
U_o/V			

(3) 从运放的反向输入端加一个正弦信号 U_i ($f = 100$ Hz、幅值为 $U_i = 2$ V),用示波器观察输出端信号 U_o 并记录数据。改变 U_i 的幅值 ($U_i = 1$ V, 2 V),观察输出信号 U_o 波形变化情况。

将以上测试数据填入表 3 – 25 中,并画出相应的波形。

表 3 – 25　输出信号波形变化情况

U_i/V	0	1	2
U_o 波形			

2. 滞回电压比较器

(1) 根据设计电路要求选取合适的电阻 R_1、R_2 和反馈电阻 R_f,按实验电路图 3 – 52 连线,接通电源,测量电路中各点的静态值。

（2）由信号发生器产生周期性的三角波信号,幅度 $U_i = 2$ V,加到电路输入端。用示波器观察 U_o 的波形,测出此时的 U_{OH}、U_{OL},将以上测得数据填入表 3-26 中。

表 3-26　测出阈值

U_i/V	U_{OH}/V	U_{OL}/V

（3）用示波器双通道同时观测输入信号及输出信号波形,记录频率 f、周期 T 及跳变时刻（输出信号 U_o 由负电压跳变为正电压或由正电压跳变为负电压时）对应的 U_i 瞬时值:

频率 $f =$ _____ Hz;

对应的输出信号周期 $T =$ _____ ms;

跳变时刻 U_{TH1} _____ V, U_{TH2} _____ V。

3.6.9　实验报告要求

（1）自拟实验数据表格,列出测量数据并进行计算,分析结果。

（2）对实现过程中出现的现象（波形、数据）和调测过程进行分析和总结,详细记录实验故障和解决方法。

3.7　RC 正弦波信号发生电路的设计和调试

3.7.1　实验目的

（1）熟悉和掌握正弦波发生电路的组成及工作原理。

（2）熟悉正弦波振荡电路的工作条件和特点。

3.7.2　实验原理

信号发生电路又称信号源或振荡器,常用的正弦波振荡电路包括 RC 和 LC 正弦波振荡器;在低频电路中主要采用 RC 正弦波振荡电路。RC 正弦波振荡电路主要由集成运放和 RC 网络构成,集成运放是一种高增益的放大器,加入适当的反馈网络,利用正反馈原理,满足振荡条件,就可以构成各种信号发生电路。但由于集成运放带宽的限制,这种振荡电路一般用来产生几赫兹至几百千赫兹的低频信号。

产生正弦波振荡的相位平衡条件为

$$\varphi_A + \varphi_F = \pm 2n\pi, n = 0, 1, 2, \cdots$$

φ_A、φ_F 分别是放大网络和反馈网络引入的附加相移。产生振荡时,反馈电压的相位与所需输入电压的相位相同,即形成正反馈。因此,由相位平衡条件可确定振荡器的振荡频率。

振荡电路满足 $|\dot{A}\dot{F}| = 1$ 时产生等幅振荡; $\dot{A}$、$\dot{F}$ 分别是放大网络的放大系数和反馈网络的反馈系数。当 $|\dot{A}\dot{F}| > 1$,即 $U_f > U_i$ 时,振荡输出愈来愈大产生增幅振荡;若 $|\dot{A}\dot{F}| < 1$,即 $U_f < U_i$ 时,振荡输出幅度愈来愈小直到最后停振。

若起振幅度条件及相位条件均满足,电路就会产生振荡。

正弦波振荡电路一般由四个部分组成,除了把放大电路和反馈网络接成正反馈外,还包括选频网络和稳幅环节。选频网络与反馈网络可以单独构成,也可以合二为一。常见的 RC 正弦波振荡电路是 RC 串并联网络正弦波振荡电路,其又称文氏桥振荡电路,其电路如图3-53所示。

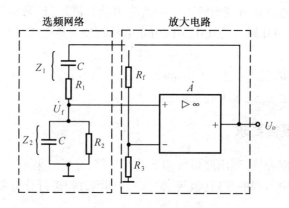

图 3-53 RC 文氏桥振荡电路

电路主要由放大电路 $\dot{A}$ 和选频网络 $\dot{F}$ 两部分组成。$\dot{A}$ 为由集成运放组成的电压串联负反馈放大电路,具有输入电阻高、输出电阻低的特点。如图3-54所示,RC 串并联网络具有选频特性,同时构成正反馈网络,为了便于调节振荡频率,RC 选频网络中通常取 $R_1 = R_2 = R$,$C_1 = C_2 = C$。同时调节 R、C 值,可使频率在一定范围内连续可调。

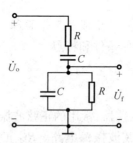

图 3-54 RC 串并联网络

振荡电路的振荡频率 $f_0 = \dfrac{1}{2\pi RC}$,幅值 $\dot{F} = \dfrac{1}{\sqrt{3^2 + \left(\dfrac{f}{f_0} - \dfrac{f_0}{f}\right)^2}}$。

可得如图3-55所示的幅频特性。

当 $f = f_0 = \dfrac{1}{2\pi RC}$(即 $\omega = \omega_0 = \dfrac{1}{RC}$)时,$|\dot{F}|$ 为最大,且 $|\dot{F}|_{max} = \dfrac{1}{3}$;当 $f \gg f_0$ 和 $f \ll f_0$ 时,$|\dot{F}|$

→0,此时相移为零。

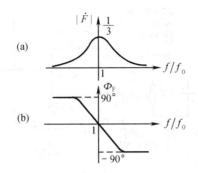

图 3 – 55　RC 串并联网络的频率特性

(a)幅频特性;(b)相频特性

在特征频率处$|\dot{F}| = \frac{1}{3}$,由振荡条件$|\dot{A}\dot{F}| \geq 1$得$|\dot{A}| \geq 3$。又由稳幅环节 R_F 与 R_3 构成电压串联负反馈,在深度负反馈条件下,$A_{uf} \approx 1 + \frac{R_F}{R_3} \geq 3$,所以有 $R_F \geq 2R_3$。

需要注意的是,$A_{uf} \geq 3$ 是指 A_{uf} 略大于 3。若 A_{uf} 远大于 3,则因振幅的增大,致使放大器件工作到非线性区,输出波形将产生严重的非线性失真。而 A_{uf} 小于 3 时,则因不满足幅值条件而不能振荡。但在实际中由于电阻的实际值常常存在一定的误差,因此需要通过试验调整反馈网络中电阻值的大小从而使电路满足要求。

3.7.3　设计范例

1. 设计过程

【范例】设计一个正弦波振荡电路,要求产生振荡频率分别为 $f_1 = 1\,500$ Hz,$f_2 = 750$ Hz 的正弦波,输出具有稳幅功能。同时输出电压幅度在一定范围内可调,并分析:

(1) 因不慎使 R_2 短路时,输出电压 U_o 的波形;

(2) 当 R_2 开路时,输出电压 U_o 的波形(并标明振幅)。

①首先选择电路形式。根据题目要求,设计电路选择 RC 桥式正弦波振荡电路,如图 3 – 56所示(其他正弦波振荡电路电路形式,例如三级 RC 相移网络构成的振荡器,由于幅频特性随频率单调增加,电路很难长期处于稳定的振荡状态而被淘汰)。

②已知电路中 A 为运放 LM324,其最大输出电压为 ±14 V。

接下来计算运放外围电路的元件参数。根据振荡频率要求,当要求振荡频率为 1.5 kHz 时,若串并联网络中桥式电阻 R 采用 10 kΩ 电阻,相应的电容 C 取 0.1 μF。

同样的,当振荡频率为 750 Hz,电容 C 取 0.033 μF 时,电阻可以采用 6.2 kΩ 标称值。读者可以根据给定 RC 正弦波振荡电路振荡频率计算并选取相应电阻及电容值。

③图 3 – 56 中用二极管 V_1、V_2 作为自动稳幅元件,当 U_o 幅值很小时,二极管 V_1、V_2 接近于开路,由 V_1、V_2 和 R_3 组成的并联支路的等效电阻近似为 $R_3 = 2.7$ kΩ,$A_u = (R_2 + R_3 + R_1)/R_1 \approx 3.3 > 3$,有利于起振;反之,当 U_o 的幅值较大时,V_1 或 V_2 导通,由 R_3、V_1、V_2 组成的并联支路的等效电阻减小,A_u 随之下降,U_o 幅值趋于稳定。

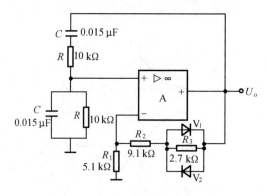

图 3 - 56　*RC* 正弦波振荡电路

当 $R_2 = 0$, $A_u < 3$ 时, 电路停振, U_o 理论上为一条与时间轴重合的直线。

当 $R_2 \to \infty$, $A_u \to \infty$ 时, 理想情况下, U_o 为方波, 但由于受到实际运放转换速率 S_R、开环电压增益 A_{od} 等因素的限制, 输出电压 U_o 的波形将近似如图 3 - 57 所示。将示波器实际显示波形与理论值进行比较。

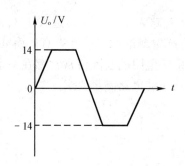

图 3 - 57　$R_2 \to \infty$ 时振荡电路输出波形

2. Multisim 仿真分析

在电路仿真软件 Multisim 中对所设计的 *RC* 正弦波发生电路进行仿真, 电路如图 3 - 58 所示。

(1) 搭建电路。

(2) 范例仿真。仿真中发现, 当电阻 R_5 取值为 2.7 kΩ 时振荡电路无法振荡。

3. 调整电阻参数

根据题目要求重新调整电阻参数, 当 $R_5 = 3.3$ kΩ 时, 电路起振, 得到信号发生电路振荡波形如图 3 - 59 所示。

更改了电阻之后需要重新核算, 反馈支路中电阻 $R_3 = 3.3$ kΩ, 此时 $A_u = (R_2 + R_3 + R_1)/R_1 \approx 3.43$ 略大于3, 满足振荡电路要求。

特殊情况:

(1) 当 $R_2 = 0$ 时, 电路不起振, U_o 为一条与水平轴重合的直线。

(2) 当 $R_2 \to \infty$ 时, 理想情况下 $A_u \to \infty$, U_o 为方波, 但由于受到实际运放转换速率 S_R、开环电压增益 A_{od} 等的限制, 输出电压 U_o 的仿真波形如图 3 - 60 所示。

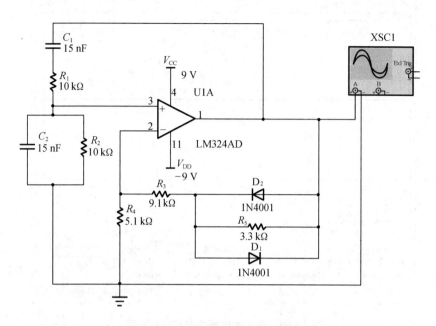

图 3 – 58　*RC* 正弦波振荡电路

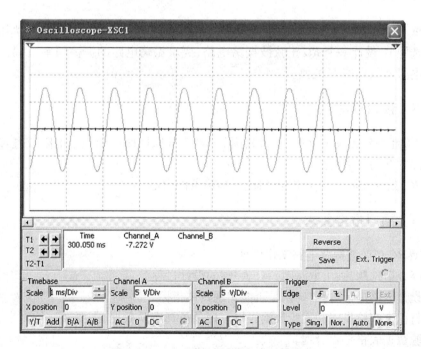

图 3 – 59　*RC* 正弦波振荡电路振荡波形

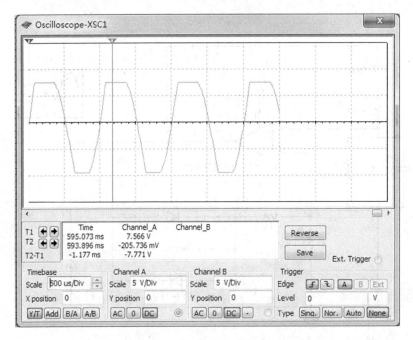

图 3 − 60　$R_2 \to \infty$ 时振荡电路仿真波形

3.7.4　设计选题

基本选题 A. 设计一 RC 正弦波振荡电路,要求振荡频率 $f_0 = 3$ kHz,误差在 $\pm 10\%$ 以内。

扩展选题 B. 设计一个 RC 正弦波振荡电路,要求振荡电路的振荡频率可调,且不需要反复调整电阻 R 及电容 C 的值。

3.7.5　预习思考题

1. 在 RC 正弦波振荡电路中,能否只调节 RC 串并联回路中的一个电阻或电容,从而改变振荡电路的振荡频率 f_0？

2. 在 RC 正弦波振荡电路中,如何验证振荡条件满足？

3.7.6　预习报告要求

1. 熟悉 RC 正弦波振荡电路工作原理。

2. 选择合适选题,画出电路图,写出完整的设计过程。

3. 对设计电路进行仿真,确认是否能实现具体指标。

4. 自行拟定实验步骤和实验数据表格。记录仿真实验数据,需要通过仿真来验证实验步骤和实验数据表格是否合理。

5. 完成预习思考题。

3.7.7　实验注意事项

1. RC 正弦波振荡电路中集成运放电源供电采用双电源的连接方式。

运放采用双电源供电,双电源供电应使正电源负极与负电源正极同时与电路接地端相连,正负电源电压接入值相同。切不可把正负电源极性接反或将输出端短路,否则容易损坏运放。

2. 为了减小干扰,电路中的接地端应可靠接地,电路、设备和测量仪器应做到"共地"。

3. 电阻和电容值的选取

一般来说,普通的应用中阻值在 $1\ \text{k}\Omega \sim 100\ \text{k}\Omega$ 是比较合适的。电阻及电容应选取实验室中提供的标称电阻和电容。

3.7.8　实验步骤

1. 根据[范例 1]的设计结果,按实验电路图 3 - 58 所示搭建电路,检查,确保电路无误,开启电源,运放电源电压采用 ±12 V 双电源供电。

2. 将示波器调至适当挡位观察输出电压 u_0 的波形,若无正弦波输出,可缓慢调节反馈回路电阻 R_p,看输出端是否出现振荡正弦信号波形。根据调试的结果修改设计,直至振荡电路产生振荡。测出此时的振荡频率 f_0,将以上测试数据填入表 3 - 27 中。

表 3 - 27　起振测试

振荡电路测量结果	是否起振	振荡频率 f_0
$R_p = 1.8\ \text{k}\Omega$		
$R_p = 2.7\ \text{k}\Omega$		
$R_p = 3.3\ \text{k}\Omega$		

3. 测量反馈系数 F:将示波器两个通道分别接在 u_o 和 u_f 端,微调反馈电阻 R_p,在确保两个通道的正弦波信号都不失真的情况下,测量 u_o 和 u_f 的峰值并进行比较,计算出反馈系数 F。

4. 测量 u_o 和 u_f 的相位关系:将示波器的两个通道显示的 u_o 和 u_f 放在同一个坐标系中,观察 u_o 和 u_f 的相位关系。

3.7.9　实验报告要求

1. 自拟实验数据表格,列出测量数据并进行计算,分析结果。

2. 对实现过程中出现的现象(波形、数据)和调测过程进行分析与总结,详细记录实验故障和解决方法。

3.8 非正弦信号发生器的设计和调试实验

3.8.1 实验目的

(1)学会用集成运放实现波形变换和波形产生。
(2)掌握方波、三角波、矩形波、锯齿波信号发生电路的原理、结构及调试方法。

3.8.2 实验原理

1. 方波信号发生器

方波发生电路如图 3–61(a)电路所示。该电路的充放电回路相同,$\tau_充 = \tau_放 = RC$,$T_1 = T_2$,$q = \dfrac{T_1}{T} = 0.5$,U_o 产生方波,同时在电容 C 上产生线性不好的三角波,如图 3–61(b)所示。方波的幅值由 $\pm U_Z$ 决定,而三角波的幅值由滞回比较器的阈值 $\pm R_1 U_2 / (R_1 + R_2)$ 决定。

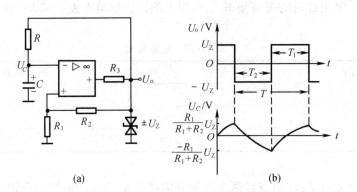

(a)

(b)

图 3–61　方波发生电路

(a)电路图;(b)波形图

经推导得到方波的重复周期为

$$T = T_1 + T_2 = 2RC\ln\left(1 + \frac{2R_1}{R_2}\right)$$

振荡频率为

$$f = \frac{1}{T}$$

2. 矩形波信号发生器

占空比可调的矩形波发生电路包括两部分,利用运放构成滞回电压比较器和 RC 积分电路作为迟滞环节。其中集成运放与电阻 R_1、R_2 组成滞回电压比较器,RC 作为充放电回路,稳压管 U_Z 的作用是钳位。

限幅器由两个稳压管和电阻 R_3 构成,起钳位作用,将滞回电压比较器的输出电压限制在稳压管的稳定电压值 $\pm U_Z$,提供矩形波的幅值。根据求阈值的方法可求得滞回电压比较器的阈值为 $\pm R_1 U_Z / (R_1 + R_2)$,其传输特性如图 3-62(b) 所示。

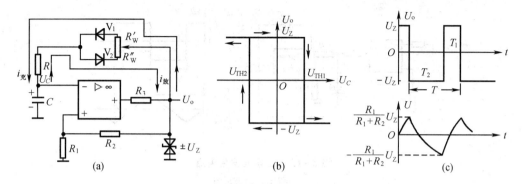

图 3-62 矩形波发生电路
(a)电路图;(b)比较器传输特性;(c)波形图

V_1、V_2 的内阻分别为 r_{d1}、r_{d2},且 $r_{d1} = r_{d2}$。当 $U_o = U_Z$ 时,V_1 导通,V_2 截止,使电容 C 充电,充电时间常数 $\tau_{充} = (R + r_{d1} + R'_w)C$;$U_c$ 由小到大不断上升,当 $U_o = -U_Z$ 升到 $U_{TH1} = R_1 U_Z / (R_1 + R_2)$ 时,比较器发生负跳变,U_o 由 $+U_Z$ 变为 $-U_Z$;当 $U_o = -U_Z$ 时,V_1 截止,V_2 导通,电容 C 又在放电,其放电时间常数 $\tau_{放} = (R + r_{d2} + R''_w)C$,当 U_c 下降至 $U_{TH2} = -R_1 U_2 / (R_1 + R_2)$ 时,比较器正跳变,由 $-U_Z$ 变为 $+U_Z$。上述过程重复进行,当 $R'_w \neq R''_w$ 时,充放电时间常数不相等,这时就能产生周期性的矩形波,同时在电容器 C 两端产生线性不好的锯齿波形。当 $R'_w = R''_w$ 时,$\tau_{充} = \tau_{放}$,$T_1 = T_2$,占空比 $T_1 / T = 0.5$,此时 U_o 波形为方波。

根据 C 充放电关系式和比较器阈值求得矩形波的振荡周期为

$$T = T_1 + T_2 = (\tau_{充} + \tau_{放}) \ln\left(1 + \frac{2R_1}{R_2}\right)$$

占空比为

$$q = \frac{T_1}{T_2} = \frac{\tau_{充}}{\tau_{充} + \tau_{放}} = \frac{R'_w + r_{d1} + R}{R_w + r_{d1} + r_{d2} + 2R} \approx \frac{R'_w + R}{R_w + 2R}$$

因此调节 R_w 电位器可使占空比变化。

3. 三角波信号发生电路

锯齿波和正弦波、方波、三角波都是常用的基本测试信号。如果把一个方波信号接到积分电路的输入端,那么,在积分电路的输出端可得到三角波信号;而比较器输入三角波信号,其输出端可获得方波信号。根据这一原则,也可以采用抗干扰能力强的同相滞回比较器和反相积分器互相级联,构成三角波信号发生电路,如图 3-63(a) 所示,图 3-63(b) 是它的波形图。

滞回比较器起开关作用,使 U_o 形成对称方波作为积分器的输入信号,U_o 作为 A_1 的同相输入信号。反相积分器起延迟作用,或线性上升或线性下降,使 U_o 形成线性度高的三角波;由 U_o 至 R_1 连线的作用是使 U_o 三角形的幅值不受 u_{o1} 方波频率的影响,三角波发生电路中方波的幅值由限幅值 $\pm U_z$ 决定,而由图 3-63(b) 波形图知当 U_{o1} 发生翻转时对应的输出电压就是最大值 U_{om},所以三角波的幅值就是比较器的阈值。由叠加原理求出

$$U_{\text{om}} = U_{\text{TH}} = \pm \frac{R_1}{R_2} U_Z$$

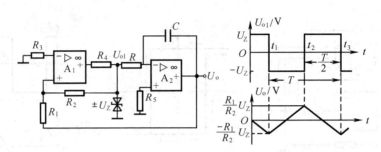

图 3 – 63　三角波发生电路

(a)电路图;(b)波形图

可见,只要 R_1,R_2,U_Z 稳定不变,则 U_{om} 就是一个稳定不变的值,与 U_{o1} 方波的频率无关。三角波振荡周期由电路中的电阻和电容决定。

经推导,三角波的周期 $T = \dfrac{4RCR_1}{R_2}$,振荡频率 $f = \dfrac{1}{T} = \dfrac{R_2}{4RCR_1}$。

4. 锯齿波电压发生电路

由图 3 – 64(a)可见,锯齿波发生电路包括同相输入滞回比较器(A_1)和充放电时间常数不等的积分器(A_2)两部分。当 R_5、V_1 支路开路,电容 C 的正、反向充电时间常数相等时,锯齿波就变成三角波。

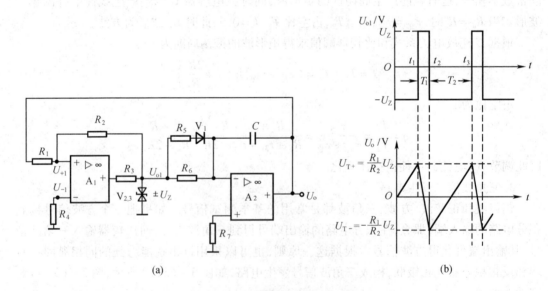

图 3 – 64　锯齿波电压发生电路

(a)电路图;(b)波形图

由于 $U_{\text{o1}} = \pm U_Z$,可求出上、下门限电压分别为

$$U_{\text{TH1}} = \frac{R_1}{R_2} U_Z$$

$$U_{TH2} = -\frac{R_1}{R_2}U_Z$$

由于电容 C 的正向与反向充电时间常数不相等,输出波形 U_o 为锯齿波电压,U_{o1} 为矩形波电压,如图 3 - 64(b)所示。若忽略二极管的正向电阻,其振荡周期为

$$T = T_1 + T_2 = \frac{2R_1R_6C}{R_2} + \frac{2R_1(R_6 /\!/ R_5)C}{R_2} = \frac{2R_1R_6C(R_6 + 2R_5)}{R_2(R_5 + R_6)}$$

3.8.3 设计范例

【范例 1】设计一个占空比可调的矩形波发生电路。

(1)占空比分别可以达到 $q = 0.2,0.5,0.8$,矩形波的振荡周期 T 为 1 ms,并用实验验证。

(2)用示波器测量电容两端电压,观察并记录电容两端电压波形。

设计步骤:

占空比可调的矩形波发生电路如图 3 - 62 所示。为了实现占空比可调,需使 $T_1 \neq T_2$,为此加了两个二极管与一个电位器,将 RC 充放电通路分开。

充电时间常数 $\tau_{放} = (R + r_{d1} + R_w)C$,放电时间常数 $\tau_{放} = (R + r_{d2} + R_w'')C$

占空比为 $q = \dfrac{T_1}{T} = \dfrac{\tau_充}{\tau_充 + \tau_放} = \dfrac{R_w' + r_{d1} + r}{R_w + r_{d1} + r_{d2} + 2R} \approx \dfrac{R_w' + R}{R_w + 2R}$

电容 C 取 0.047 μF,电阻 R 取 10 kΩ,r_d 为二极管正向内阻,一般为欧姆级,可近似忽略,为便于调节,R_w 取 47 kΩ。

矩形波的振荡周期为

$$T = (T_1 + T_2) = (\tau_充 + \tau_放)\ln\left(1 + \frac{2R_1}{R_2}\right)$$

因此由题目要求的振荡器周期和充放电时间常数决定电阻 R_1、R_2 的取值。根据题意,当占空比 $q = 0.2$ 时,$q \approx \dfrac{R_w' + R}{R_w + 2R}$,则 $R_w' = 3.4$ kΩ,$R_w'' = 43.6$ kΩ。

计算得充电时间常数为 $\tau_充 = (R + r_{d1} + R_w')C \approx 0.63$ ms。

放电时间常数 $\tau_放 = (R + R_w'' + r_{d2})C \approx 2.52$ ms。

可得矩形波的振荡周期为

$$T = (\tau_充 + \tau_放)\ln\left(1 + \frac{2R_1}{R_2}\right) = (0.63 + 2.52)\ln\left(1 + \frac{2R_1}{R_2}\right) = 1 \text{ ms}$$

计算得 $R_1 \approx 0.18 R_2$,因此取 $R_1 = 1.8$ kΩ,$R_2 = 10$ kΩ。

占空比 q 为其他值时电路参数与上面的设计过程相同。

【范例 2】用运算放大器构成一个既能产生锯齿波又能产生三角波的电路。锯齿波及三角波振荡幅度 $U_{om} = 5$ V,频率 $f = 1$ kHz,观察并测量三角波及锯齿波的幅值和周期 T 并与理论值进行比较。

设计步骤:

参考电路图 3 - 64 完成设计。根据三角波发生电路原理,首先固定 R_1、R_2,保证 U_{om} 不变,再粗调电容 C,细调电阻 R,使 f_0 满足振荡频率,调幅与调频互不影响。

锯齿波及三角波的振荡周期由电路中的电阻和电容决定。先由锯齿波及三角波幅度确定电阻 R_1、R_2 的值。

三角波幅度 $U_{om} = U_{TH} = \pm \dfrac{R_1}{R_2} U_Z$，稳压管选用 IN4733，稳压值为 5.1 V。

取 $R_1 = 10$ kΩ, $R_2 = 10$ kΩ，三角波振荡频率 $f = \dfrac{1}{T} = \dfrac{R_2}{4RCR_1}$，接下来确定电容 C 的值，取 $C = 0.033$ μF，频率 $f = 1$ kHz，则电阻 $R \approx 7.57$ kΩ，图 3 – 64 中电阻 R_5、R_6 均取标称值 7.5 kΩ。

3.8.4　设计选题

基本选题 A. 设计一个单运放方波信号发生器，要求 $f_0 = 10$ kHz $\pm 10\%$，输出幅度 $U_{pp} = 12$ V。

基本选题 B. 设计一个单运放矩形波信号发生器，要求 $f_0 = 10$ kHz $\pm 10\%$，输出幅度 $f_0 = 10$ kHz $\pm 10\%$，占空比在 20% ~80% 范围内可调。

扩展选题 C. 设计一个双运放方波－三角波发生器，要求输出频率 $f_0 = 10$ kHz $\pm 10\%$，三角波输出幅度 U_{pp} 大于 3 V。

扩展选题 D. 设计一个双运放锯齿波信号发生器，要求输出频率 $f_0 = 10$ kHz $\pm 10\%$，三角波输出幅度 U_{pp} 大于 6 V。

3.8.5　预习思考题

请在实验之前完成下面的思考题，写在预习报告里。

1. 方波信号发生器的频率没有达到 $f_0 = 10$ kHz，是什么原因，应该调整哪个元器件？
2. 方波信号发生器输出端电阻 R 的作用是什么，怎样选值？
3. 方波信号发生器输出幅度不是 6 V，是哪个器件没有正常工作？
4. 方波信号发生器频率可调，需要在哪里加入可变电阻？
5. 方波信号发生器做怎样的改动，可以变成矩形波信号发生器？
6. 三角波的输出幅度与哪些参数有关？

3.8.6　预习报告要求

1. 选择合适选题，画出电路图，写出完整的设计过程。
2. 对设计电路进行仿真，确认是否能实现具体指标。如果不能实现设计要求，找出原因，如何解决。
3. 自行拟定实验步骤和实验数据表格。记录仿真实验数据，需要通过仿真来验证实验步骤和实验数据表格是否合理。
4. 完成预习思考题。

3.8.7　实验注意事项

1. 实验中应注意选取的标称值电阻的阻值尽可能接近设计值。

2. 在调试电路时,考虑器件的电气性,尽量减少器件间的干扰。

3. 在使用双电源给运放供电时,一定不要把电源接反,否则会烧坏芯片。

4. 运放的选择:当工作频率升高时,运算放大器的带宽和压摆率的限制将会显现出来,在方波 – 三角波信号发生器中,积分电容 $C = 0.047\ \mu F$,LM324 由于运放本身速度低($SR = 0.5\ V/\mu s$),方波发生器生成的方波信号边缘就会变差,考虑换成 NE5532(速度快, $SR = 9\ V/\mu s$),方波边缘就好很多。

5. 电阻和电容值的选取:方波 – 三角波信号发生器中积分电阻的值不能取太小,因为它还是前一级的负载,若取值太小,会超出前级的负责能力,振荡将不正常。

3.8.8　实验内容和步骤

1. 设计一个单运放方波信号发生器,要求 $f_0 = 10\ kHz \pm 10\%$,输出幅度 $U_{pp} = 12\ V$。根据设计的元件值选取元器件,按照设计电路装接电路板,仔细检查电路,确定元件及导线连接无误,接通电源,直流电源电压 $V_{CC} = \pm 12\ V$,电源电压由直流稳压电源提供。

运放选用通用型集成运放 LM324。用双踪示波器同时观察电容两端的波形和输出方波波形,并画出输出波形,标明幅度和周期,记录数据填入表 3 – 28。

2. 设计一个单运放矩形波信号发生器,要求 $f_0 = 10\ kHz \pm 10\%$,输出幅度 $U_{pp} = 12\ V$,占空比在 20% ~80% 可调。用双踪示波器同时观察电容两端的波形和输出方波波形,并画出输出波形,标明幅度和周期,记录数据填入表 3 – 28。

表 3 – 28　方波、矩形波信号发生器输出波形及数据测量

	方波信号发生器	矩形波信号发生器
电容输出波形曲线		
输出测量值	充放电波形 $f_0 =$ _____ kHz 充放电波形 $U_{pp} =$ _____ V	充放电波形 $f_0 =$ _____ kHz 充放电波形 $U_{pp} =$ _____ V
方波信号输出波形曲线		
方波信号测量值	方波 $f_0 =$ _____ kHz 方波 $U_{pp} =$ _____ V	矩形波 $f_0 =$ _____ kHz 矩形波 $U_{pp} =$ _____ V

3. 设计一个双运放方波 – 三角波发生器,要求输出频率 $f_0 = 10\ kHz \pm 10\%$,三角波输出幅度 U_{pp} 大于 3 V。用双踪示波器同时观察方波和三角波波形,并画出输出波形,标明幅度

和周期，记录数据填入表 3 – 29。

4. 设计一个双运放锯齿波信号发生器，要求输出频率 $f_0 = 10$ kHz $\pm 10\%$，三角波输出幅度 U_{pp} 大于 6 V。用双踪示波器同时观察矩形波和锯齿波波形，并画出输出波形，标明幅度和周期，记录数据填入表 3 – 29。

表 3 – 29 三角波、锯齿波信号发生器输出波形及数据测量

	方波 – 三角波信号发生器	矩形波 – 锯齿波信号发生器
方波 波形曲线		矩形波 波形曲线
测量值	方波 $f_0 =$ _____ kHz 方波 $U_{pp} =$ _____ V	矩形波 $f_0 =$ _____ kHz 矩形波 $U_{pp} =$ _____ V
三角波 波形曲线		锯齿波 波形曲线
测量值	三角波 $f_0 =$ _____ kHz 三角波 $U_{pp} =$ _____ V	锯齿波 $f_0 =$ _____ kHz 锯齿波 $U_{pp} =$ _____ V

3.8.9 实验报告要求

1. 自拟实验数据表格，列出测量数据并进行计算，分析结果。

2. 对实现过程中出现的现象（波形、数据）和调测过程进行分析和总结，详细记录实验故障和解决方法。

第4章

功率模块的基本设计型实验

4.1 分立元件构成的 OCL 乙类功率放大器实验

4.1.1 实验目的

(1)理解分立元件 OCL 功率放大电路的工作原理。
(2)学会分立元件 OCL 功率放大电路的设计、组装、调试及主要性能指标的测试方法。

4.1.2 实验原理

1. 功率放大电路基本原理概述

功率放大电路是一种以输出较大功率为目的的放大电路。低频功率放大器的任务是不失真地向负载提供足够大的功率,这里所说的输出功率指的是输出交流电压和交流电流有效值的乘积,即交流功率,而直流成分产生的功率不是这里的输出功率。与其他电路相比,低频功率放大器有如下特点:

①输入信号的幅值大,容易产生失真。

②输出功率大,输出信号的电压和电流都要大,所以消耗在电路内的能量也大,电源提供的能量效率对整机的影响很大。

③为了得到尽可能大的输出功率,晶体管常常工作在极限应用状态:U_{CE} 最大时可能会接近 $U_{(BR)CEO}$,I_C 最大时可达 I_{CM},晶体管的最大管耗可能会接近 P_{CM}。

由于上述特点,在考虑低频功率放大器电路时,需要注意以下几点:

第一,考虑到能量消耗和效率等问题,低频功率放大器的工作状态不再工作在 A 类,往往工作在效率较高的 B 类。

第二,选择功率晶体管要注意各种极限参数,还要考虑加上必要的散热措施和保护措施。

第三,由于信号幅值较大,在设计和分析功率放大电路时已不能用晶体管小信号线性微变等效模型,而要采用图解分析的方法。

最后,低频功率放大器要特别注意失真的问题。

功率放大电路按功放管所处的工作状态或其导通时间的长短来分,可分为 A 类(甲类)、B 类(乙类)、AB 类(甲乙类)、C 类(丙类)和 D 类(丁类)五种。

A 类功率放大电路的静态工作点通常选在特性曲线的线性部分,因此 I_{CQ} 较大,在信号的整个周期内晶体管均导通,即使没有输出也会产生大量热量,因此效率低,但信号的保真度高。

B 类功率放大电路的静态工作点选在截止点,此时 $I_{CQ}=0$,晶体管在整个周期内的一半导通。在输入信号的正、负半周分别使用不同的晶体管进行放大,效率比 A 类高,理想效率为 78.5%,但两管交替放大会出现交越失真。

AB 类功率放大电路的静态工作点在截止点以上,I_{CQ} 略大于 0,晶体管的导通时间略大于半个周期。在输入信号的正、负半周分别使用不同的晶体管进行放大,效率比 A 类高,比 B 类稍低,消除了交越失真。

C 类功率放大电路的静态工作点选在深度截止区,信号的导通角小于 180°,效率较高,常用于高频功率放大。

D 类功率放大电路是采用调制电路将模拟信号变成 PWM 数字信号,然后用开关电路对数字信号进行放大,使功放管工作在开关状态,最后用功率滤波器将数字信号还原为大功率模拟信号,其效率最高。

若按电路形式来划分,功率放大电路还可分为 OCL 功率放大电路和 OTL 功率放大电路两种。OCL 功放为无输出电容互补对称式功率放大电路,采用双电源供电模式;而 OTL 功放为有输出电容互补对称式功率放大电路,采用单电源供电模式。

在实际的功率放大电路中,单管低频电路常采用 A 类电路。互补对称式的低频功率放大电路中,每只晶体管都工作在 B 类放大状态或 AB 类放大状态(晶体管的导通时间超过半个周期);C 类功放常用到高频功率放大器中;D 类功放由于其效率高的特点,目前在低频功率放大器中得到了广泛的应用。

图 4-1 给出了常用的 A 类、AB 类和 B 类功放的工作状态特性曲线图。

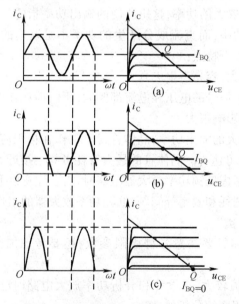

图 4-1 功率放大电路的工作状态

(a) A 类;(b) AB 类;(c) B 类

2. 互补对称式乙类功放基本原理概述

（1）电路形式及基本原理

互补对称式乙类功放的基本电路形式如图 4 - 2(a) 所示，图 4 - 2(b) 为产生交越失真的波形。使 V_1，V_2 两管都工作在乙类放大状态，但一个在正半周工作，而另一个在负半周工作，同时使这两个输出波形都能加到负载上，从而在负载上得到一个完整的波形。一般选了 $\pm V_{cc}$ 两组电源供电，并选取参数对称的 V_1，V_2 两管。

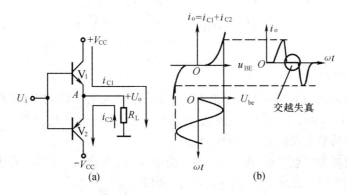

图 4 - 2　互补对称式乙类功放的基本电路与交越失真

（a）乙类功放的基本电路；（b）交越失真波形

加有小偏置的 OCL 电路如图 4 - 3 (a) 所示，图 4 - 3(b) 是它不失真的输出波形。图 4 - 3 中，加一个小偏置补偿死区电压，使管子在无信号输入时稍有一点开启电压，一旦加入信号，管子立刻进入放大状态，这样就能克服交越失真了。严格地说，此时两管工作在甲乙类状态。R_{w1}，R_{w2}，R，V_3 和 V_4 构成小偏置电路。如果小偏置 U_{b1b2} 达不到管子的开启电压会引起输出波形出现交越失真，可以调节电位器 R_{w2}，使 U_{b1b2} 增加，直到满足 $U_{b1b2} = U_{BE1} + U_{EB2}$，方可消除。

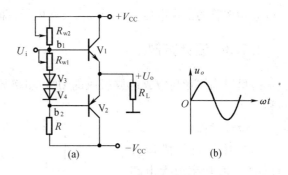

图 4 - 3　无失真的 OCL 电路

（a）电路形式；（b）输出波形

（2）常用指标的计算

①最大不失真输出功率 P_{om}

$$P_o = \frac{I_{cm}}{\sqrt{2}} \frac{U_{cem}}{\sqrt{2}} = \frac{1}{2} I_{cm} U_{cem} = \frac{U_{cem}^2}{2R_L} \tag{4 - 1}$$

实际最大不失真输出功率为

$$P_{om} = \frac{(V_{CC} - U_{CES})^2}{2R_L} \tag{4 - 2}$$

理想最大输出功率为：

$$P_{oM} = \frac{V_{CC}^2}{2R_L}(U_{cem} \approx V_{CC}, 忽略 U_{CES}) \qquad (4-3)$$

②电源提供的功率 P_v

$$P_v = \frac{1}{2\pi}\int_0^{2\pi} V_{CC}(i_{c1}+i_{c2})\mathrm{d}\omega t = \frac{2}{\pi}V_{CC}\frac{U_{cem}}{R_L} \qquad (4-4)$$

③转换效率

$$\eta = \frac{P_o}{P_v}\times 100\% = \frac{\dfrac{U_{cem}^2}{2R_L}}{\dfrac{2V_{CC}U_{cem}}{\pi R_L}} = \frac{\pi}{4}\frac{U_{cem}}{V_{CC}} \qquad (4-5)$$

④三极管的管耗 P_T

直流电源提供的功率与输出功率之差就是消耗在三极管上的功率,即 $P_T = P_v - P_o$。

当 $U_o \approx 0.64\,V_{CC}$ 时,三极管管耗最大,每个管子为 $P_{Tm1} = 0.2\,P_{oM}$。

⑤管子承受的最大反向电压(耐压) V_{RM}

视管子导通时为理想导通,即 $U_{CES}=0$。由电路(或组合特性)可以看出,当 V_1 管导通时,V_2 管截止,此时 V_2 管承受正、负电源电压,所以

$$U_{RM} = 2V_{CC}$$

3. 输出功率管的选管原则

①功率管的最大允许电流 $I_{CM} > V_{cc}/R_L$

②功率管的最大功耗必须满足 $P_{CM} > P_{Tm1} \approx 0.2\,P_{oM}$

③功率管的击穿电压应大于最大反向电压,即 $|U_{(BR)CEO}| > 2V_{CC}$。

4.1.3 设计范例

这里以晶体管与集成运放组成的 OCL 功率放大电路为例,介绍一下该类功放的设计过程。

1. 设计过程

由晶体管与集成运放组成的 OCL 功率放大电路如图 4 - 4 所示。其中运算放大器 A 组成驱动级,晶体管 $T_1 \sim T_4$ 组成复合式互补对称电路。

图 4 - 4 中,三极管 T_1、T_2 为相同类型的 NPN 管,所组成的复合管仍为 NPN 型,T_3、T_4 为不同类型的晶体管,所组成的复合管的导电极性由第一只管决定,即为 PNP 型,此两组三极管构

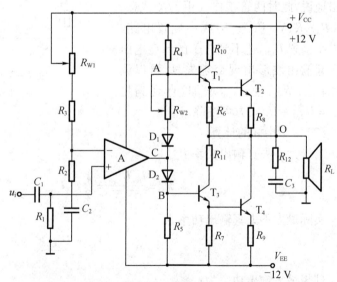

图 4 - 4　OCL 乙类功率放大电路

成复合互补对称 OCL 功率放大电路。根据复合管接法可知,两组复合管都接成了射极输出电路。

功率放大器在交流信号输入时的工作过程如下:当输入信号 u_i 为正半周时,运算放大器的输出电压 U_C 上升,U_A 和 U_B 亦上升,结果 T_3 和 T_4 截止,T_1 和 T_2 导通,负载 R_L 中只有正向电流 I_L,且随 u_i 的增加而增加。而当输入信号 u_i 为负半周时,运算放大器 A 的输出电压 U_C 下降,U_A 和 U_B 亦下降,结果 T_1 和 T_2 截止,T_3 和 T_4 导通,负载 R_L 中只有负向电流 I_L,且 I_L 的大小也随 u_i 的负向增加而增加;对于交流输入信号,只有当 u_i 变化一周时,负载 R_L 才可获得一个完整的交流信号。

假设电路参数完全对称。静态时功率放大器的输出端 O 点对地的电位应为零,即 $U_o = 0$ V,常称 O 点为"交流零点"。

电阻 R_1 接地,一方面决定了同相放大器 A 的输入电阻,另一方面保证了静态时同相端电位为零,即 $U_+ = 0$。由于运放 A 的反相端经 R_3、R_{W1} 构成的负反馈支路能够使 O 点保持直流电位为零,对交流信号亦起负反馈作用。调节 R_{W1} 电位器可改变负反馈深度。

电路的静态工作点主要由运放输出电流 I_o 决定,调节 I_o 使晶体管 T_2,T_4 工作在 AB 类状态。I_o 过小会使晶体管 T_2,T_4 工作在纯 B 类状态,输出信号会出现交越失真;I_o 过大则会增加静态功耗,降低功率放大器的效率。综合考虑,对于数瓦的功率放大器,一般取 $I_o = 1 \sim 3$ mA,以保证 T_2,T_4 工作在 AB 类状态。

I_o 的大小主要依靠 R_4 和 R_5 调节

$$I_o = \frac{2V_{CC} - 2U_D}{R_4 + R_5 + R_{w2}}$$

令 $R_{w2} = 0$,据此可以确定 R_4 和 R_5 的大小。其中,U_o 为图 4-4 中 D_1,D_2 两个二极管的电压。

R_{w2} 用于调整复合管的微导通状态,其调节范围不能太大,一般采用几百 Ω 或 1 kΩ 的电位器(最好采用精密可调电位器)。安装电路时首先应使 R_{w2} 的阻值为零,调整输出级静态工作电流或输出波形的交越失真时再逐渐增大阻值。否则静态时会因 R_{w2} 的阻值较大而使复合管的电流过大而损坏。

二极管 D_1 和 D_2 与三极管 T_1 和 T_3 应为同类型的半导体材料,如 D_1 和 D_2 为硅二极管 2CP10,T_1,T_3 应为硅三极管,T_1 为 3DG6,则 T_3 可为 3DG21。

R_6,R_7 用于减小复合管的穿透电流,提高电路的稳定性,一般为几十欧姆至几百欧姆;R_8,R_9 为电流负反馈电阻,可以改善功率放大器的性能;R_{10},R_{11} 称为平衡电阻,使 T_1,T_3 的输出对称,一般为几十欧姆至几百欧姆;R_{12},C_3 为消振网络可改善负载接扬声器时的高频特性。因扬声器呈感性,易引起高频自激,此容性网络并入可使等效负载呈阻性。此外,感性负载易产生瞬时过压,有可能损坏晶体三极管 T_2,T_4。R_{12},C_3 的取值视扬声器的频率响应而定,以效果最佳为好。一般 R_{12} 取值为几十欧姆,C_3 的取值为几 nF 至 0.1 μF。

采用如图 4-4 所示电路,运放可采用 μA741 或 OP07 等,其他器件如图所示。根据实验题目要求,可求出功率放大器的电压增益为

$$A_u = \frac{U_o}{U_i} = \frac{\sqrt{P_o R_L}}{U_i} = \frac{2 \times 8}{0.2} = 20$$

由于复合管 T_1、T_2 和复合管 T_3、T_4 都连接成了射极输出电路,其电压放大倍数可近似认为为 1,所以功率放大器的增益仅由运放的增益决定。

$$A_u = 1 + \frac{R_{w1} + R_3}{R_2} = 20$$

若取 $R_2 = 1\ \text{k}\Omega$，则 $R_3 + R_{w1} = 19\ \text{k}\Omega$，可取 $R_3 = 10\ \text{k}\Omega$，$R_{w1} = 47\ \text{k}\Omega$ 电位器。

如果功放级前级是音量控制电位器(一般为 $4.7\ \text{k}\Omega$)，应取 $R_1 = 47\ \text{k}\Omega$ 以保证功放级的输入阻抗远大于前级的输出阻抗。

若取静态电流 $I_o = 1\ \text{mA}$，因静态时 C 点的电压 $U_C = 0$，则可得

$$I_o \approx \frac{V_{CC} - U_D}{R_2 + R_{w2}} \approx \frac{12 - 0.7}{R_4}$$

式中，$R_{w2} \approx 0$，则 $R_4 = 11.3\ \text{k}\Omega$，取标称值 $11\ \text{k}\Omega$。

现取 $R_{w2} = 1\ \text{k}\Omega$，使 $R_4 + R_{w2}$ 可在 $11 \sim 12\ \text{k}\Omega$ 之间调节，相应地 I_o 可在 $0.94 \sim 1.03\ \text{mA}$ 之间变化。

实验中，T_1 选取 9013，T_3 选取 9012，且使得 T_1 和 T_3 的参数对称，能够配对使用。同时，T_2 和 T_4 均选取 2SD667，且 β 值一致，能够配对使用。运放采用 μA741，取 $R_1 = 47\ \text{k}\Omega$，$R_2 = 1\ \text{k}\Omega$，$R_3 = 10\ \text{k}\Omega$，$R_4 = R_5 = 11\ \text{k}\Omega$，$R_6 = R_7 = R_{10} = R_{11} = 100\ \Omega$，$R_8 = R_9 = 0.47\ \Omega$，$R_{12} = 33\ \Omega$，$R_L = 8\ \Omega$，$R_{w1}$ 为 $47\ \text{k}\Omega$ 电位器，R_{w2} 为 $1\ \text{k}\Omega$ 电位器，$C_1 = C_2 = 10\ \mu\text{F}$ 电解电容，$C_3 = 0.001\ \mu\text{F}$ 电容。取 D_1，D_2 为 2CP10 的普通二极管。

2. Multisim 仿真分析

根据图 4 – 4 中的 OCL 乙类功率放大电路的原理图，利用软件 Multisim 10 进行仿真。

(1)按照图 4 – 5 构建电路

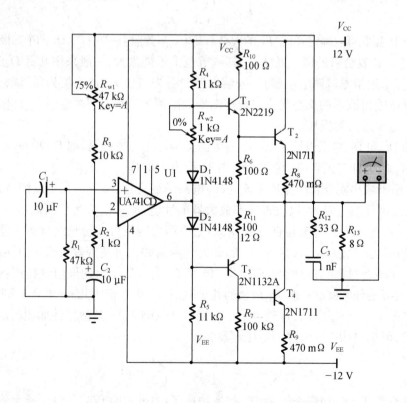

图 4 – 5　OCL 功放的静态测试仿真电路图

（2）进行静态测试

静态测试的仿真结果如图 4－6 所示，从图中可以看出，在输入信号 $u_i = 0$（输入端接地）时，输出端对地电位接近 0 V，满足要求。

图 4－6　OCL 功放的静态测试仿真结果

（3）交流测试

接下来进行 OCL 功率放大电路的动态测试仿真实验。其动态测试仿真电路如图 4－7 所示，图 4－8 为 OCL 功放的动态测试仿真结果图。从图 4－8 中可以看出，示波器的 A 路接在了电路的输出端，B 路接在了电路的输入端，示波器上同时显示了输入和输出两组信号。其中，通道 A 显示的输出信号幅度为 4 V，通道 B 显示的输入信号幅度为 200 mV，根据数据显示，可以计算出此时 OCL 电路下的电压放大倍数约为 20 倍。

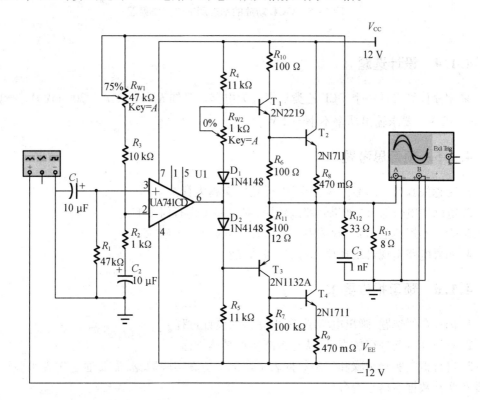

图 4－7　OCL 功放的动态测试仿真电路图

利用公式(4-1)可以计算出输出电路的输出功率为 2 W,满足设计指标要求。

仿真范例中并没有给出效率的测试方法,请读者自己设计效率的测试过程。

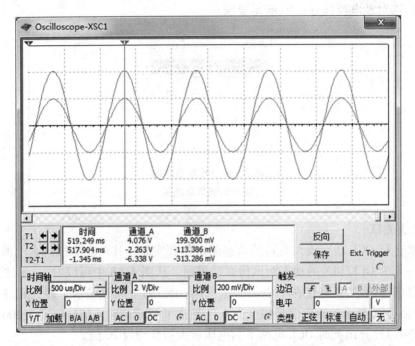

图 4-8　OCL 功放的动态测试仿真结果图

4.1.4　设计选题

采用晶体管设计一个 OCL 乙类功率放大电路。已知 $R_L = 8\ \Omega$, $u_i = 200\ mV$, $V_{CC} = 12\ V$, $V_{EF} = -12\ V$。要求输出功率不小于 2 W。

4.1.5　预习思考题

1. 交越失真产生的原因是什么,怎样克服交越失真?
2. 电路中电位器 R_{w2} 如果开路或短路,对电路工作有何影响?
3. 为了不损坏输出管,调试中应注意什么问题?
4. 如果电路出现自激现象,应该如何消除?

4.1.6　预习报告要求

1. 选择合适选题,画出电路图,写出完整的设计过程。
2. 对设计电路进行仿真,确认是否能实现具体指标。
3. 自行拟定实验步骤和实验数据表格。记录仿真实验数据,需要通过仿真来验证实验步骤和实验数据表格是否合理。
4. 完成预习思考题。

4.1.7　实验内容和步骤

1. 静态测试

接入直流稳压电源,使 $V_{CC} = 12$ V, $V_{EE} = -12$ V。由于所设计电路为 OCL 乙类功率放大电路,因此在输入信号 $U_i = 0$(输入端接地)时,输出端对地电位应为 0(此时应使电位器 R_{w2} 处在阻值为零的位置)。如果不符合上述状态,首先应立即断开电源,然后仔细检查所选元件及接线是否有误,排除故障,继续实验。将测试结果填入表 4-1 中。

表 4-1　静态工作点数据

静态测量结果 U_o/mV

2. 动态测试

接入频率为 1 kHz,幅度为 200 mV 的正弦波信号,在输出信号不失真的条件下测试电路的主要性能指标如下。

(1)电压放大倍数 A_u

$$A_u = \frac{U_o}{U_i}$$

在保证输出波形不失真的情况下,给定适当输入,测量相应的输出即可。注意,其中的 U_o 和 U_i 代表的是交流信号的有效值,用数字交流毫伏表来测量。将测试结果填入表 4-2 中。

表 4-2　放大倍数数据

电压放大倍数测量结果		
U_i/mV	U_o/V	A_u

(2)最大不失真输出功率 P_{om}

$$P_{om} = \frac{U_{omax}^2}{R_L}$$

最大不失真输出功率的测量实质上就是功放最大不失真输出电压 U_{omax} 的测量。测量时要注意对波形失真与否的判断,找到临界点的波形。在测量完 U_{omax} 之后,应马上将输入信号的幅度值减小,避免集成功放长时间处于最大输出的状态下,防止烧毁功放。

测量最大不失真输出电压 U_{omax} 的方法如下。在测量电压放大倍数的基础上,逐渐增加输入信号幅值,同时观察输出波形,当输出波形刚好不失真时所对应的 U_o 即为 U_{omax}。将测试结果填入表 4-3 中。

表 4 – 3　最大不失真输出电压数据

最大不失真输出电压测量结果

U_i/mV	U_{omax}/V

4.1.8　实验报告要求

1. 列出测量数据并进行计算,分析结果。

2. 对实现过程中出现的现象(波形、数据)和调测过程进行分析与总结,详细记录实验故障和解决方法。

4.2　集成功率放大器 LM386 的应用实验

4.2.1　实验目的

(1)进一步理解功率放大器的工作原理,学会集成功率放大器的选择及应用方法。

(2)掌握集成功率放大电路的调试及主要性能指标的测试方法,熟悉集成功率放大器的使用注意事项。

(3)通过集成功率放大电路的安装、调试,进一步培养排除电路故障的能力。

4.2.2　实验原理

集成功率放大电路和分立元件功率放大电路相比,具有电路元器件少、安装调试方便、性能优越等优点。本实验以对集成功率放大电路的性能测试为主。在对功率放大电路工作原理加深理解的基础上,重点掌握集成功率放大电路的调试及主要性能指标的测试方法。

目前,单片集成音频功率放大器的产品很多,并已在收音机、录音机、电子玩具和电视机等设备中获得广泛应用。本次实验使用的集成功率放大器为 LM386。LM386 是一种低电压通用型集成功率放大器,其内部电路如图 4 – 9 所示,管脚排列如图 4 – 10 所示,采用 8 脚双列直插式塑料封装。

LM386 是专为低损耗电源所设计的音频集成功率放大器。它的内建电压增益为 20,通过对 1 和 8 管脚之间所连接电阻电容的设置,其电压增益最高可以达到 200。LM386 可以使用电池作为供应电源,输入电压范围为 4 ~ 12 V,无动作时仅消耗 4 mA 电流,且失真低。LM386 因具有功耗低、允许的电源电压范围宽、通频带宽、外接元件少等特点,在收音机、录音机中得到了广泛应用。

图 4 –9 是 LM386 的内部电路。由于集成功率放大器是由集成运放发展而来的,因此它的内部电路也由输入级、中间级、输出级及偏置电路等组成。如图 4 –9 所示,输入级是由 V_1、V_2、V_3 和 V_4 组成的差动放大电路,用 V_5、V_6 组成镜像电流源(恒流源)作为差动放大电

路的有源负载,可以使单端输出的差动放大电路的电压放大倍数提高近一倍,接近双端输出时的放大倍数。差动放大电路从 V_3 管的集电极输出直接耦合到 V_7 管的基极。V_7 管组成共发射极放大电路作为推动级,为了提高电压放大倍数,也采用恒流源 I 作为它的有源负载。输出级 V_8、V_9 构成 PNP 型复合管再与 NPN 型的 V_{10} 管组成准互补对称功率放大电路。二极管 V_{11}、V_{12} 是功放级的偏置电路。

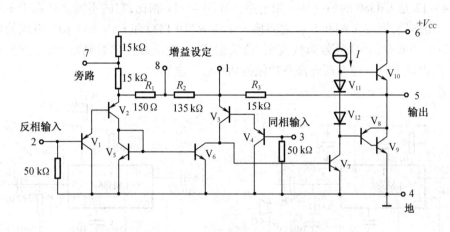

图 4 - 9　LM386 的内部电路图

图 4 - 10 是 LM386 集成功放的管脚分配图。其中管脚 6 是正电源端;管脚 4 是接地端;管脚 2 是反相输入端,由此端加入信号时,输出电压与输入电压反相;管脚 3 是同相输入端,由此端加入信号,输出与输入同相;管脚 5 是输出端;管脚 7 是旁路端,用于外接纹波旁路电容,以提高纹波抑制能力;管脚 1 和 8 是电压增益设定端。

图 4 - 10　LM386 集成功放的管脚分配

从 LM386 的内部电路可以看出,从输出端经电阻 R_3(15 kΩ)到 V_3 管发射极引入了深度电压串联负反馈。当 1、8 脚之间开路时,负反馈最深,电压放大倍数最小,此时 $A_{uf\,min}=20$,电压增益为 26 dB 。若在 1、8 之间接入一个 10 μF 的电容,将内部 1.35 kΩ 的电阻旁路,则电压放大倍数达到最大,即 $A_{uf\,max}=200$,电压增益为 46 dB。若将电阻 R 和 10 μF 的电容串联后接在 1 脚和 8 脚之间,电阻 R 取不同的值可使电压放大倍数在 20 和 200 之间调节。R 值越小,电压放大倍数越高。显然在 1 脚和 4 脚之间或者 1 脚和 5 脚之间接入 R、C 串联支路,也可以改变反馈深度,达到调节电压增益的目的。

LM386 的几种应用电路如图 4 - 11、图 4 - 12 和 4 - 13 所示。其中图 4 - 11 是 LM386 的一种典型应用电路。输入信号经电容 C_1 接到同相输入端,反相输入端接地,输出端经输

出电容 C_3 接负载。因扬声器是感性负载,所以与负载并联一个由 C_4、R_1 组成的串联校正网络,使负载性质校正补偿至接近纯电阻,这样可以防止高频自激和过电压现象的出现。接在 7 脚和地之间的电容 C_5 起到电源滤波作用,它将输入级与输出级在电源上隔离,减小输出级对输入级的影响。该电路的电压放大倍数与 R_w 的值有关,当 $R_w = 1.2$ kΩ 时,可使电压放大倍数达到 50。

图 4 - 12 是 LM386 的另一种应用电路。和图 4 - 11 相比,它的不同之处在于 1 和 8 管脚之间不相连接,而在 1 脚和 5 脚之间接入了由 $R(10$ kΩ$)$ 和 $C(0.033$ μF$)$ 组成的串联支路。当频率变低时,并联等效阻抗变大,负反馈变弱,电压放大倍数则增大,达到低音增值的目的,所以该电路是带有低音提升功能的功率放大电路。

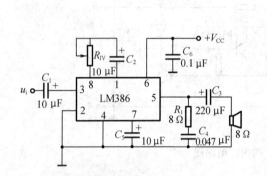

图 4 - 11 LM386 的典型应用电路　　　　**图 4 - 12 带低音提升的功率放大电路**

图 4 - 13 是用 LM386 组成的一个方波发生电路,其中 R_1、C_1 构成充放电回路,R_2、R_3 构成反馈回路。根据

$$T = 2R_1C_1\ln\left(1 + \frac{2R_2}{R_3}\right)$$

可计算出在图 4 - 13 所示给定参数下,输出电压信号的频率约为 1.1 kHz。

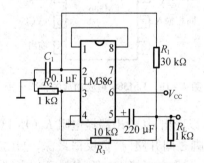

图 4 - 13 用 LM386 构成的方波发生器

4.2.3 设计选题

基本选题 A
用集成功率模块 LM386 实现一个电压放大倍数可连续调节的功率放大器,要求测试完

成该应用电路的主要性能指标（A_{uf}，P_{om}，f_H，f_L，选测 r_i、r_o）。

扩展选题 B

完成选题 A 之后，实现一个方波信号发生器。要求所产生的方波信号频率为 1 kHz。

对于典型应用电路，测试其主要性能指标（A_{uf}，P_{om}，f_H，f_L，选测 r_i，r_o）。对于方波信号发生电路，测试其所产生的方波信号的频率和幅度。

扩展选题 C

完成选题 A 之后，实现一个具有低音提升功能的功率放大器。

对于典型应用电路，测试其主要性能指标（A_{uf}，P_{om}，f_H，f_L，选测 r_i，r_o）。

对于具有低音提升功能的功率放大器，测出最高提升增益和对应的频率点，要求利用逐点法测量出频响曲线。

4.2.4　预习思考题

1. 静态测试时，正确的静态工作点应该是多少？如果测量结果接近电源电压，有可能是什么原因产生的？如果测量结果接近 1 V，产生的原因是什么？

2. 在实验过程中，如果出现自激现象说明什么？试分析原因，并说明解决的方法。

3. 放大倍数为 200 时，如果输出波形出现削波失真是为什么？试分析可能产生的原因。

4. 试分析上、下限截止频率跟放大倍数有什么关系，为什么？

4.2.5　预习报告要求

1. 选择合适选题，画出电路图，写出完整的设计过程。

2. 对设计电路进行仿真，确认是否能实现具体指标。

3. 拟定实验步骤和实验数据表格。记录仿真实验数据，需要通过仿真来验证实验步骤和实验数据表格是否合理。

4. 完成预习思考题。

4.2.6　实验注意事项

1. 电路安装过程中需注意的问题

在连接电路时，首先应将集成功放的位置固定好，然后再进行外部元器件的连接。将集成功放定位时，注意不要将其各管脚之间短接。

尽量按照电路原理图的形式与顺序进行布线，元器件的排列应该做到密度尽量均匀，不互相重叠；所用连接导线的数量应尽可能的少并且尽可能的短，避免交叉，不允许从集成块的上方跨接；输入和输出端口应尽量远离，不宜离得过近；电路中所有接地线要妥善地连接在一起。

电路安装完成后，对照电路图仔细检查，看是否有错接、漏接和虚接现象，不要急于测试。尤其要注意的是，应用万用表检查所连接电路的电源正、负极之间是否有短路现象，若有，应迅速进行检查，排除故障。

2. 电路测试过程中需注意的问题

在进行电路的测试之前，先进行通电观察。也就是接上直流电源之后，观察电路是否有异常现象,比如集成块冒烟、过烫或者有异常气味等,若有,应立即切断电源,检查电路,排除故障。

首先进行静态的测试,即静态的检查。经检查正确无误后,再进行动态的测试。动态测试的过程中要特别注意的是:不能盲目加大输入信号,以防损坏集成功放;不应使电路长期工作在最大输出状态。

4.2.7 实验内容和步骤

1. 静态测试

电路静态的测试,实为静态的检查。由于所用集成功放 LM386 采用的为 OTL 电路,因此在输入信号 $U_i = 0$(输入端接地)时,输出端对地电位应为 $\dfrac{V_{CC}}{2}$ 左右,并且静态电流为几十毫安。如果不符合上述状态,首先应立即断开电源,然后仔细检查外围元件及接线是否有误,若无误,可通过更换集成功放来判断功放是否损坏。将测试结果填入表 4 – 4 中。

表 4 – 4 静态工作点数据

静态测量结果 U_o/mV

2. 动态测试

接入频率为 1 kHz,幅度适当的正弦波信号,在输出信号不失真的条件下测试电路的主要性能指标如下。

(1)电压放大倍数 A_u

$$A_u = \frac{U_o}{U_i}$$

在保证输出波形不失真的情况下,给定适当输入,测量相应的输出即可。注意,其中的 U_i 和 U_o 代表的是交流信号的有效值,用数字交流毫伏表来测量。将测试结果填入表 4 – 5中。

表 4 – 5

电压放大倍数测量结果	
U_i/mV	U_o/mV

(2)最大不失真输出功率 P_{om}

$$P_{om} = \frac{U_{omax}^2}{R_L}$$

最大不失真输出功率的测量实质上就是功放最大不失真输出电压 U_{omax} 的测量。测量时要注意对波形失真与否的判断,找到临界点的波形。在测量完 U_{omax} 之后,应马上将输入信号的幅度值减小,避免集成功放长时间处于最大输出的状态,防止烧毁功放。

测量最大不失真输出电压 U_{omax} 的方法如下。在测量电压放大倍数的基础上,逐渐增加输入信号幅值,同时观察输出波形,当输出波形刚好不失真时所对应的 U_o 即为 U_{omax}。将测试结果填入表4-6中。

表4-6

最大不失真输出电压测量结果

U_i/mV	U_{omax}/V

(3)通频带宽度

先测量出功率放大电路在中频区(如 $f_0 = 1$ kHz),输入信号大小合适时的输出电压 U_o。在保证输入信号 U_i 幅度值不变的情况下,提高输入信号的频率,直到输出电压下降到0.707 U_o 时为止,此时所对应的信号源的指示频率就是上限频率 f_H。同理,保证 U_i 幅度值不变时,降低输入信号的频率,直到输出电压下降到 $0.707U_o$ 时为止,此时所对应的频率为下限频率 f_L,则通频带宽 $f_{bw} = f_H - f_L$。将测试结果填入表4-7和表4-8中。

表4-7 测中频电压的放大倍数

U_i/mV	U_{o1}/mV($f_o = 1$ kHz)	A_{nm}

表4-8 通频带宽度

U_i/mV	U_o/mV	f_H/Hz	f_L/Hz
5	0.707 U_{o1}		

(4)频响曲线(逐点法)

在保持 U_i 幅度不变的情况下,逐一改变输入信号的频率,测量相应输出电压 U_o。特别在曲率变化较大处多测几点,所测频率点应大于10个,并且应当特别注意观测功率放大器的低频区域,验证其是否具有低音提升功能。绘制实验数据表格,记录数据,并描绘出具有低音提升功能功率放大器的幅频特性曲线。

以输入信号频率的对数为横坐标,电压增益的分贝数 $20 \lg(U_o/U_i)$ 为纵坐标,由所测结果描绘低通滤波器的幅频特性曲线,将测试结果填入表4-9。

表 4 – 9							$U_i =$ _____ Vrms		
频率 f/Hz									
U_o/Vrms									
A_u									
20 lg A_u/dB									

4.2.8 实验报告要求

1. 绘制实验数据表格,列出测量数据并进行计算,分析结果。

2. 用半对数坐标纸画出幅频特性曲线。

3. 对实现过程中出现的现象(波形、数据)和调测过程进行分析与总结,详细记录实验故障和解决方法。

4.3 集成功率放大器 TDA2030 的应用实验

4.3.1 实验目的

(1)进一步理解功率放大器的工作原理,熟悉功率放大集成块 TDA2030 的基本技术指标。

(2)掌握集成功率放大电路的调试及主要性能指标的测试方法,熟悉集成功率放大器的使用方法和注意事项。

(3)通过集成功率放大电路的安装、调试,进一步培养排除电路故障能力,并掌握基本集成功率放大器的设计和装配调试方法。

4.3.2 实验原理

1. 集成功放 TDA2030 的基本工作原理

TDA2030 是常用的一款功放集成电路,是德律风根公司生产的音频集成功率放大器,采用 V 型 5 脚单列直插式塑料封装结构。如图 4 – 14 所示,按引脚的形状可分为 H 型和 V 型。该集成电路广泛应用于汽车立体声收录音机、中功率音响设备,具有体积小、输出功率大、失真小等特点,并具有内部保护电路。

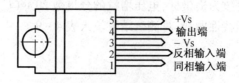

图 4 – 14 TDA2030 的外部封装图

TDA2030 电路特点是:外接元件非常少,且输出功率大,最大可达到 18 W;同时采用了超小型封装,可提高组装密度;开机冲击极小,内含各种保护电路,因此工作安全可靠。其主要的保护电路有:短路保护、热保护、地线偶然开路、电源极性反接以及负载泄放电压反冲等。同时 TDA2030A 能在最低 ±6 V 最高 ±22 V 的电压下工作,而在 ±19 V 的工作电压下,8 Ω 阻抗输出时,能够得到 16 W 的有效功率。因此,它非常适用于电脑有源音箱的功率放大部分或小型功放。

TDA2030 引脚情况说明如下:

1 脚是正相输入端;

2 脚是反向输入端;

3 脚是负电源输入端;

4 脚是功率输出端;

5 脚是正电源输入端。

需要注意的是,TDA2030 具有负载泄放电压反冲保护电路,如果电源电压峰值电压为40 V,那么在 5 脚与电源之间必须插入 LC 滤波器,以保证 5 脚上的脉冲串维持在规定的幅度内。另外,使用单电源时,散热体可直接固定在金属散热器上与地线相通,十分方便。但是,当 TDA2030 采用双电源供电时,其散热片是和负极连通的,散热片千万不要和地线短路。如果采用印刷电路板设计,必须较好地考虑地线与输出的去耦问题,因为这些线路有较大的电流流过。装配时引线长度应尽可能短,焊接温度不得超过 260 ℃。同时,虽然TDA2030 所需的元件很少,但所选的元件必须是品质有保障的元件。

TDA2030 按其电源接法不同,可分为单电源和双电源两种,如图 4 – 15 和图 4 – 16所示。

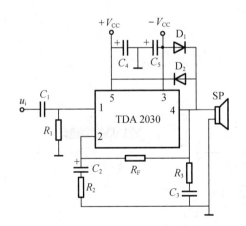

图 4 – 15　双电源供电的 TDA2030
功率放大电路

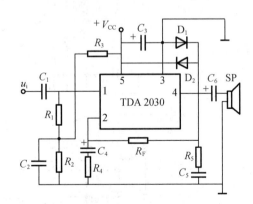

图 4 – 16　单电源供电的 TDA2030
功率放大电路

使用 TDA2030 的双电源功放电路如图 4 – 15 所示,图中 R_F,R_2,C_2 为交流负反馈电路,C_2 为隔直电容,即 R_F,R_2,C_2 为交流电压串联负反馈电路,C_2 可视作交流短路;R_3、C_3 为高频校正网络,用以消除自激振荡;D_1、D_2 起保护作用,用来泄放负载产生的自感应电压,将输出端最大电压钳位在(V_{CC} + 0.7 V)和(V_{CC} – 0.7 V)上;C_4、C_5 为退耦电容,用于减少电源内阻对交流信号的影响。理论上,该电路的电压放大倍数 $A_\mathrm{u} = 1 + \dfrac{R_\mathrm{F}}{R_2}$。在双电源电路图中,推荐的元件参数为:$R_1 = R_\mathrm{F} = 22\ \mathrm{k\Omega}$,$R_2 = 680\ \Omega$,$R_3 = 1\ \Omega$;$C_1 = 1\ \mu\mathrm{F}$,$C_2 = 22\ \mu\mathrm{F}$,$C_3 = 0.22\ \mu\mathrm{F}$;$C_4$ 和 C_5 为电源的退耦电容,一般选用 $470\ \mu\mathrm{F} \sim 2\,200\ \mu\mathrm{F}$,最好还在 C_4 和 C_5 上各并联一个 $0.1\ \mu\mathrm{F}$ 左右的小电容,以便于高频信号通过;二极管可用一般的 1N4001 ~ 1N4007,扬声器(SP)的阻抗一般选 $4 \sim 8\ \Omega$。

图 4 – 16 单电源电路中,C_3 为电源滤波电容;R_F,R_4,C_4 构成功放的交流负反馈网络;二极管 D_1、D_2 用于防止过冲电压击穿集成电路;R_5、C_5 构成容性网络,与扬声器感性阻抗并联后,可使功放的负载接近纯阻性质,不仅可以改善音质、防止高频自激,还能保护功放输出管。推荐的元件参数为:$R_1 = R_2 = R_3 = 100\ \mathrm{k\Omega}$,$R_4 = 4.7\ \mathrm{k\Omega}$,$R_5 = 1\ \Omega$,$R_\mathrm{F} = 150\ \mathrm{k\Omega}$;$C_1 = 1\ \mu\mathrm{F}$,$C_2 = 22\ \mu\mathrm{F}$,$C_3 = 2\,200\ \mu\mathrm{F}$,$C_4 = 2\ \mu\mathrm{F}$,$C_5 = 0.22\ \mu\mathrm{F}$,$C_6 = 2\,200\ \mu\mathrm{F}$,其中 C_3 为电源退耦电容,与双电源电路的选取原则相同;二极管用 1N4001 ~ 1N4007,扬声器(SP)阻抗一般选 $4 \sim 8\ \Omega$。

2. Multisim 仿真分析

由于所用集成功放 TDA2030 的电路形式有 OTL 和 OCL 两种,分别利用软件 Multisim 10 进行仿真测试。

(1)双电源供电 OCL 模式

①静态测试

先针对图 4 – 15 中双电源供电方式下的电路原理图进行仿真,其静态测试仿真电路图及结果如图 4 – 17 所示。

从图 4 – 17 中可以看出,在输入信号 $U_\mathrm{i} = 0$ 时(输入端接地),输出端对地电位接近 0 V,满足要求。

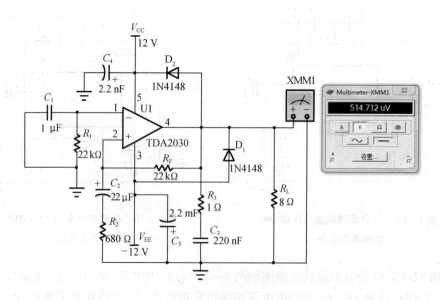

图 4 – 17　TDA2030 接成 OCL 电路的静态测试仿真

②动态测试

接下来进行动态测试的仿真,其动态测试仿真电路如图 4 – 18 所示,仿真结果如图 4 – 19 所示。

从图 4 – 19 中可以看出,示波器中同时显示了输入和输出两组信号,其中通道 A 显示的是输出信号,通道 B 显示的是输入信号,根据所显示波形,可以计算出此时 OCL 电路下的电压放大倍数。

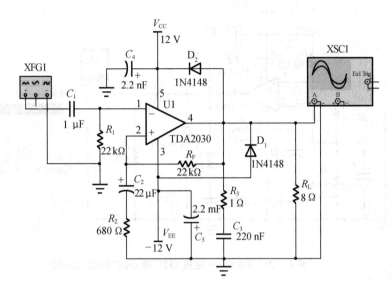

图 4 – 18　TDA2030 接成 OCL 电路的动态测试仿真电路图

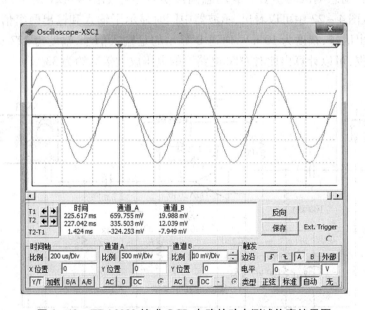

图 4 – 19　TDA2030 接成 OCL 电路的动态测试仿真结果图

（2）单电源供电 OTL 模式

①静态测试

下面针对图 4 – 16 中单电源供电方式下的电路原理图进行仿真，其静态测试仿真电路图及结果如图 4 – 20 所示，从图中可以看出，在输入信号 $U_i = 0$ 时（输入端接地），输出端对地电位接近 $V_{CC}/2$，约为 6 V，满足要求。说明该 OTL 功放可以正常工作。

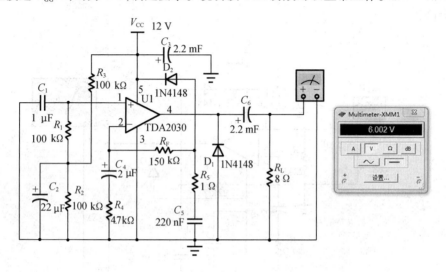

图 4 – 20　TDA2030 接成 OTL 电路的静态测试仿真

②动态测试

接下来进行动态测试的仿真。其动态测试仿真电路如图 4 – 21 所示，仿真结果如图 4 – 22 所示。从图 4 – 22 中可以看出，示波器中同时显示了输入和输出两组信号，其中通道 A 显示的是输出信号，幅度为 10 mV，通道 B 显示的是输入信号，幅度为 327 mV，根据所显示的波形和数据，可以计算出此时 OTL 电路下的电压放大倍数约为 33。

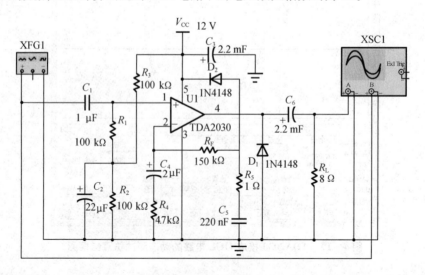

图 4 – 21　TDA2030 接成 OTL 电路的动态测试仿真电路图

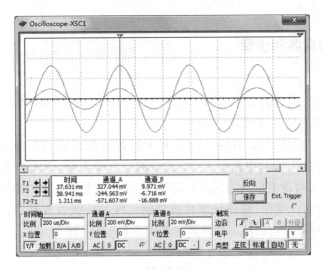

图 4 – 22　TDA2030 接成 OTL 电路的动态测试仿真结果图

4.3.3　设计选题

采用集成功率放大器 TDA2030 实现 OCL 功放和 OTL 功放的两种电路形式,并分别完成功率放大电路相应指标的测试,包括电压放大倍数 A_u、最大不失真输出 P_{om}、频率响应 f_H 和 f_L。

4.3.4　预习思考题

1.静态测试时,如果测量结果不符合要求,有可能是什么原因产生的?

2.引起噪声、自激、失真现象的原因是什么?

4.3.5　预习报告要求

1.选择合适选题,画出电路图,写出完整的设计过程。

2.对设计电路进行仿真,确认是否能实现具体指标。

3.自行拟定实验步骤和实验数据表格。记录仿真实验数据,需要通过仿真来验证实验步骤和实验数据表格是否合理。

4.完成预习思考题。

4.3.6　实验注意事项

在进行电路的测试之前,先进行通电观察。也就是接上直流电源之后,观察电路是否有异常现象,比如集成块冒烟、过烫或者有异常气味等,若有,应立即切断电源,检查电路,排除故障。

首先进行静态的测试,即静态的检查。经检查正确无误后,再进行动态的测试。动态测试的过程中要特别注意的是:不能盲目加大输入信号,以防损坏集成功放;不应使电路长期工作在最大输出状态。

4.3.7 实验内容和步骤

1. 静态测试

电路静态的测试,实为静态的检查。由于所用集成功放 TDA2030 的电路形式有 OTL 和 OCL 两种,因此静态的测试要分别对待。

图 4 – 15 是 OCL 电路,因此在输入信号 $U_i = 0$(输入端接地)时,输出端对地电位应为 0,并且静态电流也为 0。而对电路图 4 – 16 构成的是 OTL 电路,因此在输入信号 $U_i = 0$(输入端接地)时,输出端对地电位应为 $V_{CC}/2$ 左右,并且静态电流为几十毫安。如果不符合上述状态,首先应立即断开电源,然后仔细检查外围元件及接线是否有误,若无误,可通过更换集成功放来判断功放是否损坏。将测试结果填入表 4 – 10 中。

表 4 – 10

静态测量结果 U_o/mV

2. 动态测试

接入频率为 1 kHz,幅度适当的正弦波信号,在输出信号不失真的条件下测试电路的主要性能指标如下。

(1)电压放大倍数 A_u

$$A_u = \frac{U_o}{U_i}$$

在保证输出波形不失真的情况下,给定适当输入,测量相应的输出即可。注意,其中的 U_o 和 U_i 代表的是交流信号的有效值,用数字交流毫伏表来测量。将测试结果填入表 4 – 11 中。

表 4 – 11

电压放大倍数测量结果	
U_i/mV	U_o/mV

(2)最大不失真输出功率 P_{om}

$$P_{om} = \frac{U_{omax}^2}{R_L}$$

最大不失真输出功率的测量实质上就是功放最大不失真输出电压 U_{omax} 的测量。测量时要注意对波形失真与否的判断,找到临界点的波形。在测量完 U_{omax} 之后,应马上将输入信号的幅度值减小,避免集成功放长时间处于最大输出的状态,防止烧毁功放。

测量最大不失真输出电压 U_{omax} 的方法如下。在测量电压放大倍数的基础上,逐渐增加输入信号幅值,同时观察输出波形,当输出波形刚好不失真时所对应的 U_o 即为 U_{omax}。将测试结果填入表 4 – 12 中。

表 4 – 12

最大不失真输出电压测量结果

U_i/mV	U_{omax}/V

(3)通频带宽

先测量出功率放大电路在中频区(如 $f_0 = 1$ kHz)输出信号大小合适时的输出电压 U_o 和输入电压 U_i,在保证输入信号 U_i 不变的情况下,升高输入信号的频率,直到输出电压下降到 $0.707U_o$ 为止,此时所对应的信号源的指示频率就是上限频率 f_H。同理,保证 U_i 不变时,降低输入信号的频率,直到输出电压下降到 $0.707U_o$ 为止,此时所对应的频率为下限频率 f_L,则通频带宽为 $f_{bw} = f_H - f_L$。将测试结果填入表 4 – 13 和表 4 – 14 中。

表 4 – 13　中频区电压放大倍数

U_i/mV	U_{ol}/mV
5	

表 4 – 14　通频带测量结果

通频带宽测量结果			
U_i/mV	U_o/mV	f_H/Hz	f_L/Hz
5	0.707 U_{ol}		

4.3.8　实验报告要求

1.自拟实验数据表格,列出测量数据并进行计算,分析结果。

2.对实现过程中出现的现象(波形、数据)和调测过程进行分析与总结,详细记录实验故障和解决方法。

4.4　三端线性集成稳压器的设计与应用实验

4.4.1　实验目的

(1)了解稳压电路的工作原理,学会用集成稳压芯片设计稳压电路的基本方法。

(2)掌握三端可调式线性稳压器 LM7805 等芯片的特点,会合理选择和使用。

(3)了解直流稳压电源的设计方法和电路性能指标的测试方法。

4.4.2　实验原理

直流稳压电源在广播、电视、电信、计算机等领域应用十分广泛,它通常由电源变换电路、整流电路、滤波电路、稳压电路和负载组成。

电源变换电路通常是将 220 V 的工频交流电源转换成所需的低压电源,一般由变压器或阻容分压电路来完成。整流电路主要是利用二极管正向导电、反向截止的原理,把交流电整流转换成脉动的直流电。整流电路可分为半波整流、全波整流和桥式整流。滤波电路是利用电容和电感的充、放电储能原理,将波动变化大的脉动直流电压滤波成较平滑的直流电。滤波电路有电容式、电感式、电容电感式、电容电阻式。具体需根据负载电流大小和电流变化情况,及对纹波电压的要求来选择滤波电路形式。最简单的滤波电路是把一只电容与负载并联后接入整流输出电路。稳压电路是直流稳压电源的核心。因为整流滤波后的电压虽然已是直流电压,但它还是随输入电网的波动而变化的,是一种电压值不稳定的直流电压,而且纹波系数也较大,所以必须加入稳压电路才能输出稳定的直流电压。最简单的稳压电路是由一个电阻和稳压管串联组成的,它适用于电压值固定不变,而且负载电流变化较小的场合,早期的稳压电路常由稳压管和三极管等组成,由于其电路不够简单和功能不强等原因,现已很少使用。集成稳压器因具有体积小、成本低、性能好、工作可靠性高、外电路简单、使用方便、功能强等优点,现已得到广泛的应用。本实验也采用集成稳压器来进行稳压电路的设计。

集成稳压器是利用半导体集成工艺,将串联型线性稳压器、高精度基准电压源、过流保护电路等集中在一块硅片上制作而成的。集成稳压器的种类很多,作为小功率稳压电源,目前以三端式,即输入端、输出端和公用端三个引脚最为普遍,按输出电压是否可调,它又分为输出电压固定式和可调式两种。

固定式三端稳压器的输出电压是定值,通用产品有 W7800(正电压输出)和 W7900(负电压输出)两个系列,输出电压为 5 V,6 V,9 V,12 V,15 V,18 V 和 24 V 等,型号中的后两位数字表示输出电压值,例如 W7809 表示该稳压器输出电压为 9 V,W7918 则表示输出电压为 -18 V,此类稳压器的最大输出电流为 1.5 A,此外,还有 78L×× 和 79L×× 系列 78M×× 和 79M×× 系列,它们的额定输出电流分别为100 mA 和 500 mA,三端稳压器的外形和电路符号如图 4 - 23 所示。

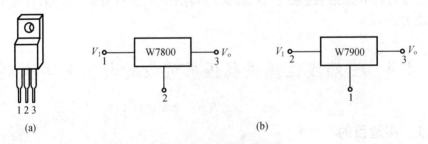

图 4 - 23　固定式三端稳压器

(a)芯片;(b)符号

图 4 - 24 是用三端线性稳压芯片构成的单电源电压输出的串联型稳压电源的实验电路

图,其中图 4 - 24(a)为固定式正电压输出,图 4 - 24(b)为固定式负电压输出。实际应用时,可根据对输出电压 U_o 数值和极性的要求去选择合适的型号。电路中的滤波电容 C_1、C_2 一般选取几百到几千微法。C_1 用于抑制芯片自激振荡,C_2 用于压缩芯片的高频带宽,减小高频噪声。当稳压芯片距离整流滤波电路比较远时,在输入端还应该并联一个数值为 $0.01\ \mu F \sim 0.47\ \mu F$ 的电容器,以抵消线路的电感效应,防止产生自激振荡。图 4 - 24 中的二极管都是反向接入电路,其作用是保护三端线性集成稳压芯片,考虑到断电不久集成稳压芯片的输出和输入可能会出现电压倒置的情况,致使集成稳压芯片接入反向电压导致烧毁,加入二极管可以避免这种情况。另外要注意保证,集成稳压芯片工作在线性区,其输入电压 U_i 和输出电压 U_o 之间必须有 2 V 以上的电压差,即 $|U_i - U_o| \geqslant 2$ V。

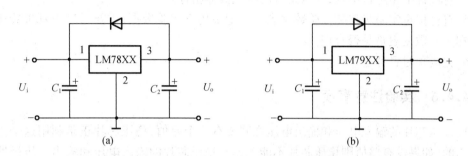

图 4 - 24 固定式三端稳压器基本应用电路

(a)正电压输出;(b)负电压输出

当需要同时输出正、负电压时,可用 W7800 和 W7900 组成如图 4 - 25 所示的具有正、负对称输出两种电源的稳压电路。

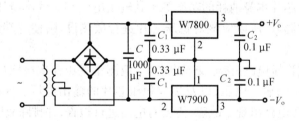

图 4 - 25 输出正、负电压的稳压电路

4.4.3 设计选题

1. 基本选题 A

用集成稳压器 7805 设计一个输出为 5 V 的电压源电路。

2. 扩展选题 B

用集成稳压器 7812 和 7912 构成一个输出电压为 ± 12 V 的电压源电路,自拟测试方法与实验数据表格,并记录实验结果。

4.4.4 预习思考题

1.实验电路中的电容 C_1 和 C_2 各起什么作用? 如果不用 C_1 和 C_2 将会产生什么现象?

2.在测量 U_o 时,是否可以用指针式万用表进行测量,为什么?

3.怎样提高稳压电源的性能指标(减小 S 和 r_o)?

4.4.5 预习报告要求

1.选择合适选题,画出电路图,写出完整的设计过程。

2.对设计电路进行仿真,确认是否能实现具体指标。

3.自行拟定实验步骤和实验数据表格。记录仿真实验数据,需要通过仿真来验证实验步骤和实验数据表格是否合理。

4.完成预习思考题。

4.4.6 实验注意事项

1.稳压芯片的输入电压和输出电压之间要有一个差值,稳压芯片正是利用这个差值进行工作的,如果没有差值则稳压芯片不能工作。稳压芯片的输入电压和输出电压极性应该相同,并且一般输入电压的绝对值至少要比输出电压的绝对值大 2 V。

2.将稳压芯片反向连接会造成永久性损坏。在输入电压和输出电压极性相同的情况下,如果输入电压的绝对值小于输出电压的绝对值,则稳压芯片会处在反向连接状态,从而造成损坏。

3.三端线性稳压芯片的输出电流不允许大于它的最大输出电流。

4.三端线性稳压芯片本身消耗的功率等于其输出电流和芯片本身压降的乘积,这个功率将引起稳压芯片的温升,所以应该对稳压芯片进行散热设计,使三端线性稳压芯片不至于因为温度过高而烧毁。

5.对于线性集成稳压电路,接通交流电源后,应测量变压器次级输出电压值,滤波电路输出电压,即稳压芯片的输入电压,以及集成稳压芯片的输出电压。这些数值应该与理论值基本一致,否则说明电路出现了故障,需要对电路进行检查,并排除故障。

6.直流稳压电源电路的调试需要和几百伏的电压打交道,因此在调试和检查时一定要注意安全,不要带电接触高压电路。

4.4.7 实验内容和步骤

1.输出电压 U_o 的测试

把输入电压 U_i 和输出电流 I_o 加到规定值,用万用表测量输出端的电压值。将测试结果填入表 4 – 15 中。

表 4 - 15

输出电压的测量结果 U_o/V

2. 稳压系数 S 的测试

稳压系数 S 的定义是在负载电流、环境温度不变的情况下,输出电压的相对变化与引起输入电压的相对变化之比,即

$$S = \frac{\Delta U_o/U_o}{\Delta U_I/U_I}\bigg|_{R_L = 常数}$$

根据稳压系数的定义直接进行测量即可,将测试结果填入表 4 - 16 中。通常两次输入电压的相对变化为 10% 左右。

表 4 - 16　稳压系数的测量结果

U_{i1}/V	U_{i2}/V	U_{o1}/V	U_{o2}/V

4.4.8　实验报告要求

1. 自拟实验数据表格,列出测量数据并进行计算,分析结果。

2. 对实现过程中出现的现象(波形、数据)和调测过程进行分析与总结,详细记录实验故障和解决方法。

常用元器件的识别与测试

电阻、电容器、电感器及半导体器件(二、三极管,集成电路等)是电子电路的常用电子器件。由于这些器件在物理、电工等基础实验中都有所涉及,这里只做简单介绍。

A.1 电阻、电容、电感的识别与简单测试

1.电阻和电位器

(1)电阻

电阻主要分为薄膜电阻和线绕电阻两大类。薄膜电阻又可分为碳膜电阻和金属膜电阻两类,其中金属膜电阻应用较为普遍。金属膜电阻的精度可达0.001%,是当前最精密的电阻之一。

(2)电位器

电位器是一种具有三个接头的可变电阻,其阻值可在一定范围内连续可调。

(3)线性电阻和电位器的主要性能指标

①额定功率

电阻的额定功率是在规定的环境温度和湿度下,假定周围空气不流通,在长期连续负载而不损坏或基本不改变性能的情况下,电阻上允许消耗的最大功率。当超过额定功率时,电阻的阻值将发生变化,甚至发热烧毁。为保证安全使用,一般选其额定功率比它在电路中消耗的功率高 $1 \sim 2$ 倍。

额定功率分 19 个等级,常用的有 $\frac{1}{20}$ W, $\frac{1}{8}$ W, $\frac{1}{4}$ W, $\frac{1}{2}$ W,1 W,2 W,4 W,5 W…在电路图中,额定非线绕电阻的符号表示法如图 A-1 所示。

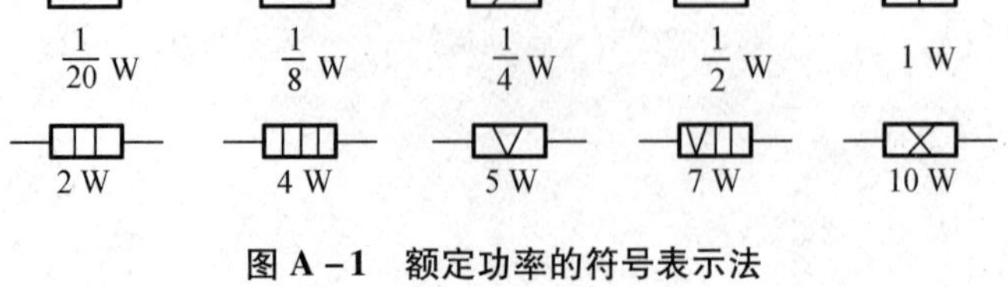

$\frac{1}{20}$ W $\frac{1}{8}$ W $\frac{1}{4}$ W $\frac{1}{2}$ W 1 W

2 W 4 W 5 W 7 W 10 W

图 A-1 额定功率的符号表示法

实际中应用较多的有 $\frac{1}{4}$ W, $\frac{1}{2}$ W, 1 W, 2 W。线绕电位器应用较多的有 2 W, 3 W, 5 W, 10 W 等。

②标称阻值

标称阻值是产品标志的"名义"阻值,其单位为欧(Ω)、千欧(kΩ)、兆欧(MΩ)。标称阻值系列如表 A－1 所示。

表 A－1 标称阻值

允许误差	系列代号	标称阻值系列
±5%	E24	1.0 1.1 1.2 1.3 1.5 1.6 1.8 2.0 2.2 2.4 2.7 3.0 3..3 3.6 3.9 4.3 4.7 5.1 5.6 6.2 6.8 7.5 8.2 9.1
±10%	E12	1.0 1.2 1.5 1.8 2.2 2.7 3.3 3.9 4.7 5.6 6.8 8.2
±20%	E6	1.0 1.5 2.2 3.3 4.7 6.8

任何固定电阻的阻值都应符合表 A－1 所列数值乘以 10^n Ω,其中 n 为整数。现在比较常用的是 E24 系列的电阻。

③允许误差

允许误差是指电阻和电位器实际阻值对于标称阻值的最大允许偏差范围。它表示产品的精度。允许误差等级如表 A－2 所示。线绕电位器的允许误差一般小于 ±10%,非线绕电位器的允许误差一般小于 ±20%。

表 A－2 允许误差等级

级别	005	01	02	I	II	III
允许误差	±0.5%	±1%	±2%	±5%	±10%	±20%

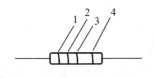

图 A－2 阻值和误差的色环标记

电阻的阻值和误差,一般常用数字标印在电阻上,但对于实心碳膜电阻和微型电阻,则用画在其首部的四个色环来表示,如图 A－2 所示。电阻体上有四道色环,它们的意义分别是:第一、二色环表示阻值的第一、二位数,第三色环表示二位数后零的个数,第四色环表示阻值的允许误差。有些电阻的数值是用五条色环表示的。五环电阻的读法与四环电阻类似,前三条色环表示阻值的三位有效数字,第四条色环表示零的个数,第五条色环表示误差等级。各种颜色代表的意义如表 A－3 所示。

表 A－3　色环颜色的意义

数值 \ 颜色	黑	棕	红	橙	黄	绿	蓝	紫	灰	白	金	银	底色
代表数值	0	1	2	3	4	5	6	7	8	9			
误差	—	—	—	—	—	—	—	—	—		±5%	±10%	±20%

例如,第一、三、三、四色环分别为棕、绿、红、金色,则该电阻的阻值和误差分别为:$R = 15 \times 10^2 \ \Omega = 1.5 \ \mathrm{k}\Omega$,误差为 ±5%。即表示该电阻的阻值和误差是:1.5 k Ω ±5%。

对于五环电阻,通常最后一条色环代表误差等级的色环为棕色,棕色代表误差为 ±1%。如果一个电阻的第一到五条色环分别为红、黄、黑、棕、棕色,则最后一条(第五条)棕色色环代表误差 ±1%,前四条色环代表电阻的阻值,读法如下:$R = 240 \times 10^1 = 2.4 \ \mathrm{k}\Omega$,误差为 ±1%。

当第一条色环和第五条色环同时为棕色时,如何区分哪条色环为第一条色环,哪条色环代表误差呢? 通常情况下,第五环和第四环之间的间隔比第一环和第二环之间的间隔要宽一些,据此可判定色环的排列顺序。也有一种情况是,用色环的粗细来判别色环顺序,代表误差的色环较粗,而代表数值的第一条色环较细。

④最高工作电压

最高工作电压是由电阻、电位器最大电流密度、电阻体击穿及其结构等因素所规定的工作电压限度。对阻值较大的电阻,当工作电压过高时,虽功率不超过规定值,但内部会发生电弧火花放电,导致电阻变质损坏。一般 $\frac{1}{8}$ W 碳膜电阻或金属膜电阻,最高工作电压分别不能超过 150 V 或 200 V。

2. 电容器

(1)电容器的分类

电容器是一种储能元件,在电路中用于调谐、滤波、耦合、旁路和能量转换等。电容器的种类如下。

①按其结构分类

a. 固定电容器

电容量是固定不可调的,我们称之为固定电容器。

b. 半可变电容器(微调电容器)

电容器容量可在小范围内变化,其可变容量为十几皮法至几十皮法,最高达一百皮法(以陶瓷为介质时),适用于整机调整后电容量不需经常改变的场合。常以空气、云母或陶瓷作为介质。

c. 可变电容器

电容器容量可在一定范围内连续变化。常有"单联""双联"之分,它们由若干片形状相同的金属片并接成一组定片和一组动片。动片可以通过转轴转动,以改变动片插入定片的面积,从而改变电容量。一般以空气作介质,也有用有机薄膜作介质的。

②按电容器介质材料分类

a.电解电容器

以铝、钽、铌、钛等金属氧化膜作介质的电容器,应用最广的是铝电解电容器。它容量大,体积小,耐压高(但耐压越高,体积也就越大),一般在 500 V 以下。常用于交流旁路和滤波。其缺点是,容量误差大,且随频率而变动,绝缘电阻低。电解电容有正、负极之分(外壳为负端,另一接头为正端)。一般,电容器外壳上都标有"＋""－"记号,如无标记则引线长的为"＋"端,引线短的为"－"端,使用时必须注意不要接反,若接反,电解作用会反向进行,氧化膜很快变薄,漏电流急剧增加;如果所加的直流电压过大,则电容器很快发热,甚至会引起爆炸。

由于铝电解电容具有不少缺点,在要求较高的地方常用钽、铌或钛电容。它们比铝电解电容的漏电流小、体积小,但成本高。

b.云母电容器

以云母片作介质的电容器。其特点是:高频性能稳定,损耗小,漏电流小,耐压高(几百伏至几千伏),但容量小(几十皮法至几万皮法)。

c.瓷介电容器

以高介电常数、低损耗的陶瓷材料为介质,故体积小,损耗小,温度系数小,可工作在超高频范围,但耐压较低(一般为 60~70 V),容量较小(一般为 1 pF~1 000 pF)。为克服容量小的缺点,现在采用了铁电陶瓷和独石电容。它们的容量分别可达 680 pF~0.047 μF 和 0.01 μF 至几微法,但其温度系数大,损耗大,容量误差大。

d.玻璃釉电容器

以玻璃釉作介质,它具有瓷介电容的优点,且体积比同容量的瓷介电容小。其容量范围为 4.7 pF~4 μF。另外,其介电常数在很宽的频率范围内保持不变,还可应用到 125 ℃ 高温下。

e.纸介电容器

纸介电容器的电极用铝箔或锡箔做成,绝缘介质是浸蜡的纸,相叠后卷成圆柱体,外包防潮物质,有时外壳采用密封的铁壳以提高防潮性。大容量的电容器常在铁壳里灌满电容器油或变压器油,以提高耐压强度,被称为油浸纸介电容器。

纸介电容器的优点是,在一定体积内可以得到较大的电容量,且结构简单,价格低廉。但介质损耗大,稳定性不高。它主要用于低频电路的旁路和隔直电容。其容量一般为 100 pF~10 μF。新发展的纸介电容器用蒸发的方法使金属附着于纸上作为电极,因此体积大大缩小,称为金属化纸介电容器,其性能与纸介电容器相仿。但它的一个最大特点是,被高电压击穿后,有自愈作用,即电压恢复正常后仍能工作。

f.有机薄膜电容器

用聚苯乙烯、聚四氟乙烯或涤纶等有机薄膜代替纸介质,做成的各种电容器。与纸介电容器相比,它的优点是体积小、耐压高、损耗小、绝缘电阻大、稳定性好,但温度系数大。

(2)电容器的主要性能指标

①电容量

电容量是指电容器加上电压后,储存电荷的能力。其常用单位有:法(F)、微法(μF)和皮法(pF)。三者的关系为

$$1 \text{ pF} = 10^{-6} \text{ μF} = 10^{-12} \text{ F}$$

一般,电容器上都直接写出其容量。但有的是用数字来标志容量的。如有的电容上只标出"332"三位数值,左起两位数字给出电容量的第一、二位数字,而第三位数字则表示附加上零的个数,以 pF 为单位。因此"332"即表示该电容的电容量为 3 300 pF。

②标称电容量

标称电容量是标志在电容器上的"名义"电容量。我国固定式电容器标称电容量系列为 E24,E12,E6。电解电容的标称容量参考系列为 1,1.5,2.2,3.3,4.7,6.8(以 μF 为单位)。

③允许误差

允许误差是实际电容量对于标称电容量的最大允许偏差范围。固定电容器的允许误差分 8 级,如表 A-4 所示。

表 A-4　允许误差等级

级别	01	02	I	II	III	IV	V	VI
允许误差	±1%	±2%	±5%	±10%	±20%	+20% ~ -10%	+50% ~ -20%	+50% ~ -30%

④额定工作电压

额定工作电压是电容器在规定的工作温度范围内,长期、可靠地工作所能承受的最高电压。常用固定式电容器的直流工作电压系列为 6.3 V,10 V,16 V,25 V,40 V,63 V,100 V,160 V,250 V 和 400 V。

⑤绝缘电阻

绝缘电阻是加在电容器上的直流电压与通过它的漏电流的比值。绝缘电阻一般应在 5 000 MΩ 以上,优质电容器可达 TΩ(10^{12}Ω,称为太欧)级。

(3)电容器质量优劣的简单测试

一般,利用模拟万用表的欧姆挡就可以简单地测量出电解电容器的优劣情况,粗略地辨别其漏电、容量衰减或失效的情况。具体方法是:选用"$R×1$ kΩ"或"$R×100$ Ω"挡,将黑表笔接电容器的正极,红表笔接电容器的负极,若表针摆动大且返回慢,返回位置接近 ∞,说明该电容器正常,且电容量大;若表针摆动虽大,但返回时,表针显示的Ω值较小,说明该电容漏电流较大;若表针摆动很大,接近于 0 Ω,且不返回,说明该电容器已击穿;若表针不摆动,则说明该电容器已开路,失效。

该方法也适用于辨别其他类型的电容器。但如果电容器容量较小时,应选择万用表的"$R×10$ kΩ"挡测量。另外,如果需要对电容器再一次测量时,必须将其放电后方能进行。

如果要求更精确的测量,可以用交流电桥和 Q 表(谐振法)来测量。

A.2　半导体二极管、三极管的识别与简单测试

半导体二极管和三极管是组成分立元件电子电路的核心器件。二极管具有单向导电性,可用于整流、检波、稳压、混频电路中。三极管对信号具有放大作用和开关作用,它们的

管壳上都印有规格和型号。

1. 二极管的识别与简单测试

（1）普通二极管的识别与简单测试

普通二极管一般为玻璃封装和塑料封装两种。它们的外壳上均印有型号和标记。标记箭头所指方向为阴极。有的二极管上只有一个色点，有色点的一端为阳极。

若遇到型号标记不清时，可以借助万用表的欧姆挡作简单判别。万用表正端（＋）红笔接表内电池的负极，而负端（－）黑笔接表内电池的正极。根据PN结正向导通电阻值小，反向截止电阻值大的原理来简单确定二极管的好坏和极性。具体做法是：万用表欧姆挡置"$R \times 100\ \Omega$"或"$R \times 1\ k\Omega$"处，将红、黑两表笔接触二极管两端，表头有一指示；将红、黑两表笔反过来再次接触二极管两端，表头又将有另一指示。若两次指示的阻值相差很大，说明该二极管单向导电性好，且阻值小的那次黑笔所接为二极管的阳极；若两次指示的阻值相差很小，说明该二极管已失去单向导电性；若两次指示的阻值均很大，则说明该二极管已开路。

（2）特殊二极管的识别与简单测试

特殊二极管的种类较多，在此只介绍两种在实验中用的特殊二极管。

①发光二极管（LED）

发光二极管通常是用砷化镓、磷化镓等制成的一种新型器件。它具有工作电压低、耗电少、响应速度快、抗冲击、耐振动、性能好以及轻而小的特点，被广泛应用于单个显示电路或做成七段矩阵式显示器。而在数字电路实验中，常用作逻辑显示器。发光二极管的电路符号如图A–3所示。

发光二极管和普通二极管一样具有单向导电性，正向导通时才能发光。发光二极管发光颜色有多种，例如红、绿、黄等，形状有圆形和长方形等。发光二极管出厂时，一根引线做得比另一根引线长，通常较长的引线表示阳极（＋），另一根为阴极（－）。若辨别不出引线的长短，则可以用辨别普通二极管管脚的方法来辨别其阳极和阴极。发光二极管正向工作电压一般在$1.5 \sim 3\ V$，允许通过的电流为$2 \sim 20\ mA$，电流的大小决定发光的亮度。电压、电流的大小依器件型号不同而稍有差异。若与TTL组件相连接使用时，一般需串接一个$470\ \Omega$的降压电阻，以防止器件的损坏。

阳极　　　　阴极

图A–3　发光二极管符号

②稳压管

稳压管有玻璃加塑料封装和金属外壳封装两种。前者外形与普通二极管相似，如2CW54；后者外形与小功率三极管相似，但内部为双稳压二极管，其本身具有温度补偿作用，如2DW231。单稳压管和双稳压管符号如图A–4所示。

稳压管在电路中是反向连接的，它能使稳压管所接电路两端的电压稳定在一个规定的电压范围，我们称之为稳压值。确定稳压管稳压值的方法有两种：根据稳压管的型号查阅手册得知及通过简单的实验电路测得。实验电路如图A–5所示。我们改变直流电源电压

V,使之由零开始缓慢增加,同时稳压管两端用直流电压表监视。当 V 增加到一定值,使稳压管反向击穿时,直流电压表指示某一电压值。这时再增加直流电源电压 V,而稳压管两端电压不再变化,则电压表所指示的电压值就是该稳压管的稳压值。

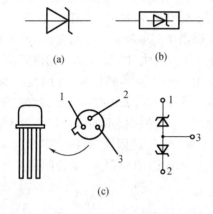

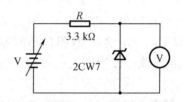

图 A-4 稳压二极管   图 A-5 测试稳压管稳压值的实验电路
(a)符号;(b)塑料封装;(c)金属外壳封装

2. 三极管的识别与简单测试

三极管主要有 NPN 型和 PNP 型两大类。

对于小功率三极管来说,有金属外壳封装和塑料外壳封装两种。

金属外壳封装的如果管壳上带有定位销,那么,将管底朝上,从定位销起,按顺时针方向,三根电极依次为 e,b,c,如果管壳上无定位销,且三根电极在半圆内,我们将有三根电极的半圆置于上方,按顺时针方向,三根电极依次为 e,b,c。如图 A-6(a)所示。

塑料外壳封装的,我们面对平面,三根电极置于下方,从左到右,三根电极依次为 e,b,c,如图 A-6(b)所示。

对于大功率三极管,外形一般分为 F 型和 G 型两种,如图 A-7 所示。F 型管,从外形上只能看到两根电极。我们将管底朝上,两根电极置于左侧,则上为 e,下为 b,底座为 c。G 型管的三根电极一般在管壳的顶部,我们将管底朝下,三根电极置于左方,从最下电极起,顺时针方向,依次为 e,b,c。

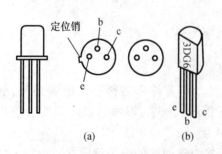

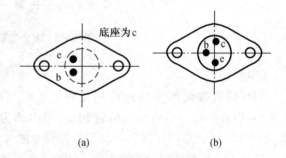

图 A-6 半导体三极管电极的识别   图 A-7 F 型和 G 型管管脚识别
(a)金属外壳封装;(b)塑料外壳封装   (a)F 型大功率管;(b)G 型大功率管

三极管的管脚必须正确确认,否则,接入电路后不但不能正常工作,还可能烧坏管子。

当一个三极管没有任何标记时,可以用万用表来初步确定该三极管的好坏和类型(NPN 型还是 PNP 型),以及辨别出 e,b,c 三个电极。

(1)先判断基极 b 和三极管类型

将万用表欧姆挡置"$R \times 100\ \Omega$"或"$R \times 1\ k\Omega$"处,先假设三极管的某极为"基极",并将黑表笔接在假设的基极上,再将红表笔先后接到其余两个电极上,如果两次测得的电阻值都很大(或者都很小),约为几千欧至十几千欧(或约为几百欧至几千欧),而对换表笔后测得两个电阻值都很小(或都很大),则可确定假设的基极是正确的。如果两次测得的电阻值是一大一小,则可肯定原假设的基极是错误的,这时就必须重新假设另一电极为"基极",再重复上述的测试。最多重复两次就可找出真正的基极。

当基极确定以后,将黑表笔接基极,红表笔分别接其他两极。此时,若测得的电阻值都很小,则该三极管为 NPN 型管;反之,则为 PNP 型管。

(2)再判断集电极 c 和发射极 e

以 NPN 型管为例。把黑表笔接到假设的集电极 c 上,红表笔接到假设的发射极 e 上,并在 b、c 之间接入偏置电阻。读出表头所示的 c、e 间的电阻值,然后将红、黑两表笔反接重测。若第一次电阻值比第二次小,说明原假设成立,黑表笔所接为三极管集电极 c,红表笔所接为三极管发射极 e。c、e 间电阻值小正说明通过万用表的电流大,偏置正常,如图 A-8 所示。

以上介绍的是比较简单的测试,要想进一步精确测试可以借助晶体管特性图示仪。它能十分清晰地显示出三极管的输入特性和输出特性曲线以及电流放大系数 β 等。

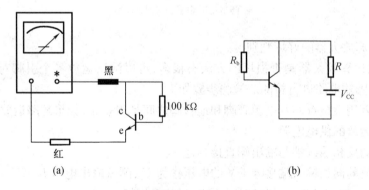

(a)　　　　　　　　　　　　　(b)

图 A-8　判别三极管 c、e 电极的原理图

(a)示意图;(b)等效电路

A.3　集成电路的识别

1. 集成电路的分类

集成电路是现代电子电路的重要组成部分,它具有体积小、耗电少、工作特性好等一系列优点。

概括来说,集成电路按制造工艺可分为半导体集成电路、薄膜集成电路和由二者组合而成的混合集成电路。

按功能,它可分为模拟集成电路和数字集成电路。

2. 集成电路外引线的识别

使用集成电路前,必须认真查对和识别集成电路的引脚,确认电源、地、输入、输出、控制等端的引脚号,以免因错接而损坏器件。引脚排列的一般规律如下所述。

圆型集成电路:识别时,面向引脚正视,从定位销顺时针方向依次为 1,2,3,4,…,如图 A-9(a)所示。圆型多用于模拟集成电路。

扁平和双列直插型集成电路:识别时,将文字符号标记正放(有的集成电路上用一圆点或旁边用一缺口作为记号,将缺口或圆点置于左方),由顶部俯视,从左下脚起按逆时针方向数,依次为 1,2,3,4,…,如图 A-9(b)。扁平型多用于数字集成电路。双列直插型广泛应用于模拟和数字集成电路。

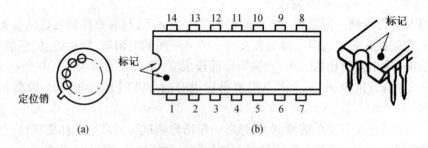

图 A-9 集成电路管脚的识别

(a)圆型;(b)扁平和双列直插型

3. 集成运算放大器的好坏判别

检查集成运算放大器是否损坏的方法有很多,可以测试运放各个引脚对地的电压,或者利用电压跟随器电路进行检测。检测步骤如下:

(1)先用万用表检查芯片电源管脚和地管脚之间是否短路,如果短路运放必坏无疑。

(2)连接运放的供电电源。

(3)运放的反相输入端与输出端直接相连。

(4)在运放的同相输入端接入 1 V 的电压作为 U_i,测试输出电压 U_o。

(5)如果 U_o 与 U_i 相同,运放完好;反之,运放已损坏。

常用器件资料选编

1. 三极管

3DG6 型 NPN 硅小功率管的参数如表 B – 1 所示。

表 B – 1　3DG6 型 NPN 硅小功率管常用参数

	新型号	3DG100A	3DG100B	3DG100C	3DG100D	测试条件	管脚
	原型号		3DG6				
极限参数	P_{CM}/mW	100	100	100	100		
	I_{CM}/mA	20	20	20	20		
	BV_{CBO}/V	≥30	≥40	≥30	≥40	$I_C = 100\ \mu A$	
	BV_{CEO}/V	≥20	≥30	≥20	≥30	$I_C = 100\ \mu A$	
	BV_{EBO}/V	≥4	≥4	≥4	≥4	$I_E = 100\ \mu A$	
直流参数	I_{CBO}/μA	≤0.01	≤0.01	≤0.01	≤0.01	$V_{CB} = 10\ V$	
	I_{CEO}/μA	≤0.1	≤0.1	≤0.1	≤0.1	$V_{CE} = 10\ V$	
	I_{EBO}/μA	≤0.01	≤0.01	≤0.01	≤0.01	$V_{EB} = 1.5\ V$	
	V_{BES}/V	≤1	≤1	≤1	≤1	$I_C = 10\ mA, I_B = 1\ mA$	
	V_{CES}/V	≤1	≤1	≤1	≤1	$I_C = 10\ mA, I_B = 1\ mA$	
	h_{FE}	≥30	≥30	≥30	≥30	$V_{CE} = 10\ V, I_C = 3\ mA$	
交流参数	f_T/MHz	≥150	≥150	≥300	≥300	$V_{CB} = 10\ V, I_E = 3\ mA, f = 100\ MHz, R_L = 5\ \Omega$	
	K_P/dB	≥7	≥7	≥7	≥7	$V_{CB} = 10\ V, I_E = 3\ mA, f = 100\ MHz$	
	C_{ob}/pF	≤4	≤4	≤4	≤4	$V_{CB} = 10\ V, I_E = 0$	
h_{FE}色标分档		（红）30 ~ 60,（绿）50 ~ 110,（蓝）90 ~ 160,（白）> 150					

塑封硅高频管主要参数如表 B – 2 所示。

表 B-2 塑封硅高频管主要参数

型号	极性	f_T/MHz	P_{CM}/mW	V_{CEO}/V	V_{CM}/mA	β值
9011	NPN	150	300	30	300	54~98
9012	PNP	150	625	20	-500	64~202
9013	NPN	150	625	20	500	64~202
9014	NPN	150	450	45	100	60~1 000
9015	PNP	100	450	45	-100	60~600
9016	NPN	150	400	20	25	55~200
9018	NPN	700	400	15	50	40~200

2. 集成运算放大器

集成运算放大器的原理、参数、分类请参阅相关教材。这里只给出实验中常用的几种。

（1）各种运放的特点和引脚排列

①μA741 集成运算放大器

通用型 μA741 集成运算放大器是采用硅外延平面工艺制作的单片式高增益运放，如图 B-1 所示。

②LM324 集成运算放大器

LM124/ LM224/ LM324 系列是四组独立的高增益的、内部频率补偿的运算放大器。它既可以单电源使用，也可双电源使用。电源电压可从 +5 V 一直用到 ±15 V，而且驱动功耗低。它可应用于转换放大器、直流增益单元以及通用型运放的其他许多应用电路。LM324 引脚如图 B-2 所示。

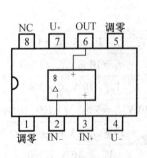

图 B-1 μA741 引脚图

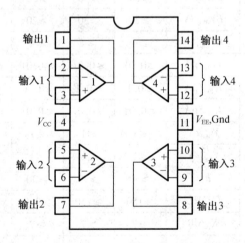

图 B-2 LM324 引脚图

③LF357 集成运算放大器

该运放的特征是低输入失调和偏置电流、低偏置电压和偏置电压漂移，可以进行偏置调节而不会降低漂移和共模抑制比，具有高压摆率、宽频带、极快的建立时间、低电压电流噪声。LF357 引脚如图 B-3 所示。

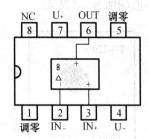

图 B-3　LF357 引脚图

（2）几种运放的参数比较（见表 B-3）

表 B-3

参数名称	参数符号	uA741	LM324	LF357	OP07	单位
输入失调电压	V_{IO}	1.0	2.0	3	0.01	mV
输入失调电流	I_{IO}	20	5.0	3	0.8	nA
输入偏置电流	I_{IB}	80	45	20	1	nA
差模输入电阻	R_{ID}	2.0	—	1.00E+07	33	MΩ
共模抑制比	K_{CMR}	90	65	100	120	dB
增益带宽积	GWB	1	1	20	0.8	MHz
功耗	P_C	50	570	570	80	mW
转换速率	SR	0.5	0.6	50	0.3	V/μs

注：OP07 也是 8 管脚运放，管脚排列与 LF357 相同，所以未单独列出。

3.集成稳压电源

LM78××系列三端正稳压电源电特性参数如表 B-3 所示。

表 B-3　LM78××系列三端正稳压电源电特性参数（0 ℃≤T_i≤125 ℃）

参数名称	单位	测试条件	7805			7812			7815		
			最小值	典型值	最大值	最小值	典型值	最大值	最小值	典型值	最大值
输出电压	V	U_o	4.8	5	5.2	11.5	12	12.5	14.4	15	15.6
负载调整率	mV	5 mA < I_0 < 0.5 A	—	10	50	—	12	120	—	12	150
静态电流	mA	I_0 < 1A	—	—	8	—	—	8	—	—	8
输出噪声电压	μV/V_o	10 Hz < f < 100 kHz	—	—	—	—	—	—	—	—	—
纹波抑制比	dB	f = 120 Hz	62	80	—	55	72	—	54	70	—
电压调整率	mV	I_0 = 1 A	—	—	25	—	—	60	—	—	75
输入电压	V	U_I	—	10	—	—	19	—	—	23	—

LM78××系列三端稳压电源外形如图 B－4 所示。

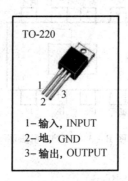

**图 B－4　集成稳压电源
LM78××系列外形图**

4. 集成函数发生器

ICL8038 是大规模集成电路,其内部电路可产生矩形波、三角波、锯齿波和正弦波。ICL8038 管脚如图 B－5 所示。

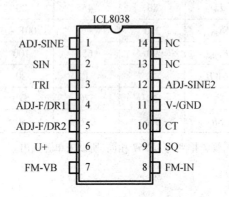

图 B－5　ICL8038 管脚图

面包板的结构

　　面包板是实验室中用于搭试电路的重要工具,熟练掌握面包板的使用方法是提高实验效率,减少实验故障出现机会的基础之一。

　　面包板的外观和内部结构如图 C－1 所示,面包板分上、下两部分,上面部分一般是由一行或两行的插孔构成的窄条,行和行之间电气不连通。每 5 个插孔为一组,通常的面包板上有 10 组或 11 组。对于 10 组的结构,左边 3 组内部电气连通,中间 4 组内部电气连通,右边 3 组内部电气连通,但左边 3 组、中间 4 组以及右边 3 组之间是不连通的。对于 11 组的结构,左边 4 组内部电气连通,中间 3 组内部电气连通,右边 4 组内部电气连通,但左边 4 组、中间 3 组以及右边 4 组之间是不连通的。若使用的时候需要连通,必须在两者之间跨接导线。下面部分是由中间一条隔离凹槽和上下各 5 行的插孔构成。在同一列中的 5 个插孔是互相连通的,列和列之间以及凹槽上下部分则是不连通的。

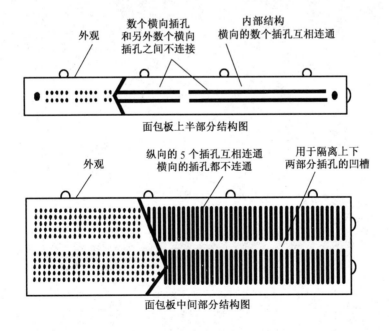

图 C－1　面包板外观和内部结构

　　在具体使用的时候,通常是两窄一宽同时使用,两个窄条的第一行一般和地线连接,第二行和电源相连。由于集成块电源一般在上面,接地在下面,如此布局有助于将集成块的电源脚和上面第二行窄条相连,接地脚和下面窄条的第一行相连,减少连线长度和跨接线的数量。中间宽条用于连接电路,由于凹槽上下是不连通的,所以集成块一般跨插在凹槽上。

仪 器 使 用

D.1　Rigol DS1000E 型数字示波器

Rigol DS1000E 型数字示波器的前面板示意图如图 D−1 所示。

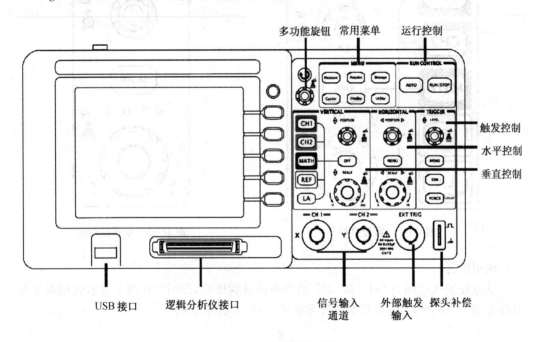

图 D−1　示波器前面板

　　为加速调整,便于测量,可以直接使用"AUTO"键,将立即获得适合的波形显示和挡位设置。

　　整台示波器可以分为显示面板和控制面板。两者相互配合使用,按下控制面板上某一按键,在显示界面显示可以提供的相关功能操作菜单,再选择显示界面右侧对应的功能选择按键。

下面介绍示波器右侧控制面板各区主要功能。

1. 垂直控制区

垂直控制区面板如图 D - 2 所示。

（1）POSITION 旋钮

控制信号的垂直显示位置,波形的上下移动。

（2）SCALE 旋钮

改变"Volt/div(伏/格)"垂直挡位,波形显示高度发生变化。

2. 水平控制区

水平控制区面板如图 D - 3 所示。

（1）SCALE 旋钮

改变"s/div(秒/格)"水平挡位,波形显示的宽窄发生变化。

（2）POSITION 旋钮

控制显示波形随旋钮而水平移动。

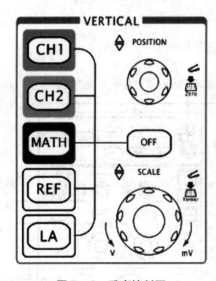

图 D - 2　垂直控制区

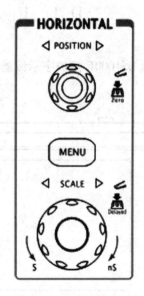

图 D - 3　水平控制区

3. 通道设置

在垂直控制区左侧有 CH1 和 CH2 两个通道设置按键,分别设置两个通道的相关参数。各参数如图 D - 4 所示,通道设置参数菜单见图 D - 4 详细说明。

功能菜单	设定	说明
耦合	直流 交流 接地	通过输入信号的交流和直流成分 阻挡输入信号的直流成分 断开输入信号
带宽限制	打开 关闭	限制带宽至 20 MHz,以减少显示噪音满带宽
探头	1 X 5 X 10 X 50 X 100 X 500 X 1 000 X	根据探头衰减因数选取相应数值,确保垂直标尺读数准确
数字滤波		设置字滤波(见表 2 - 4)
↓ (下一页)	1/2	进入下一页菜单(以下均同,不再说明)

(a)第一页

↑ (上一页)	2/2	返回上一页菜单(以下均同,不再说明)
挡位调节	粗调 微调	粗调按 1 - 2 - 5 进制设定垂直灵敏度 微调是指在粗调范围之内以更小的增量改变垂直挡位
反相	打开 关闭	打开波形反相功能 波形正常显示

(b)第二页

图 D - 4 通道菜单设置

其中耦合方式在模拟电子技术实验中比较常用,耦合方式主要有以下几种。

(1)交流耦合方式:被测信号含有的直流分量被阻隔。

(2)直流耦合方式:被测信号含有的直流分量和交流分量都可以通过。

(3)接地方式:信号含有的直流分量和交流分量都被阻隔。

4. 自动测量

在控制面板的 MENU 控制区, $\boxed{Measure}$ 为自动测量功能按键,如图 D-5 所示,可以提供多种测量功能。

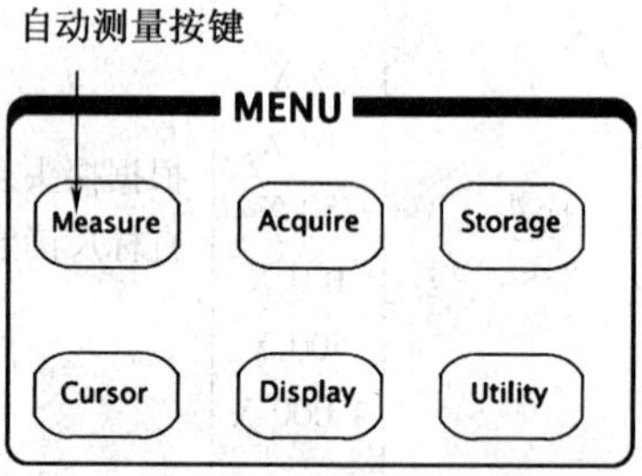

图 D-5　MENU 控制区

该系列示波器提供 22 种自动测量的波形参数,包括 10 种电压参数和 12 种时间参数:峰峰值、最大值、最小值、顶端值、底端值、幅值、平均值、均方根值、过冲、预冲、频率、周期、上升时间、下降时间、正占空比、负占空比、延时 1→2 上升沿、延时 1→2 下降沿、相位 1→2 上升沿、相位 1→2 下降沿、正脉宽和负脉宽。

图 D-6 是按下 Measure 键后在显示屏上出现的菜单。每个菜单项的含义如图 D-6 所示。

功能菜单	显示	说明
信源选择	CH1 CH2	设置被测信号的输入通道
电压测量	—	选择测量电压参数
时间测量	—	选择测量时间参数
清除测量	—	清除测量结果
全部测量	关闭 打开	关闭全部测量显示 打开全部测量显示

图 D-6　Measure 键实现的功能菜单

该示波器可以测量 10 种电压参数。图 D-7 是选择电压测量后显示屏上的测量参数，可以使用调节旋钮选择具体的电压参数。

功能菜单	显示	说明
最大值	—	测量信号最大值
最小值	—	测量信号最小值
峰峰值	—	测量信号峰峰值
顶端值	—	测量信号顶端值

图 D-7 电压测量参数

测量时也可以选择全部测量，这时显示屏上会出现所有测得的参数，可以根据需要记录所需数据。

【范例】 测量简单信号

要求：观测电路中的一个未知信号，迅速显示和测量信号的频率和峰峰值。

（1）欲迅速显示该信号，请按如下步骤操作。

①将通道 1 的探头连接到电路被测点。

②按下 AUTO（自动设置）按键。

示波器将自动设置使波形显示达到最佳状态。在此基础上，可以进一步调节垂直、水平挡位，直至波形的显示符合要求。

（2）进行自动测量。

示波器可以对大多数显示信号进行自动测量。欲测量信号频率和峰峰值，请按如下步骤操作。

①测量峰峰值

按下 Measure 按键以显示自动测量菜单。

按下 1 号菜单操作键以选择信源 CH1。

按下 2 号菜单操作键选择测量类型：电压测量 。

在电压测量弹出菜单中选择测量参数：峰峰值 。

此时，可以在屏幕左下角发现峰峰值的显示。

②测量频率

按下 3 号菜单操作键选择测量类型：时间测量 。

在时间测量弹出菜单中选择测量参数：频率 。

此时，可以在屏幕下方发现频率的显示。

注意：a. 测量结果在屏幕上的显示会因为被测信号的变化而改变。

　　　b. 测量小信号（50 mV 以下）时使用 Auto 键无法检测到波形，需手动调节。

D.2 TFG3000L 系列 DDS 函数信号发生器简介

TFG3000L 系列 DDS 函数信号发生器的前面板示意图如图 D-8 所示,一共可以分为四个区,即显示屏、功能选择区、数字单位区、调节区。

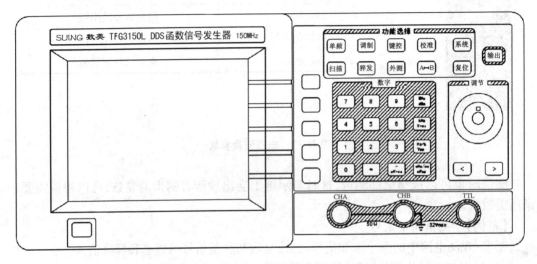

图 D-8 函数信号发生器的前面板

显示屏分为四个区,分别是主菜单显示区、二级菜单显示区、三级菜单显示区和主显示区,如图 D-9 所示。

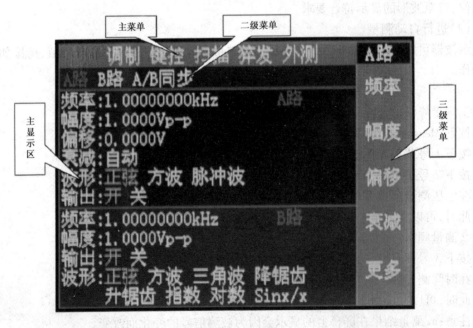

图 D-9 显示屏

开机后,仪器进行自检初始化,进入正常工作状态,此时仪器根据"系统菜单"中"开机状态"的设置选择进入不同的菜单。若"开机状态"设为"默认"则选择"单频"功能,A 路、B 路处于输出状态;若"开机状态"设为"关机前"则选择关机前的菜单。

1. 初始化状态

开机或复位后仪器的默认工作状态。

A 路

波形:正弦波　　　　频率:1 kHz　　　　幅度:1Vpp

衰减:自动　　　　　偏移:0 V　　　　　输出:开

B 路

波形:正弦波　　　　频率:1 kHz　　　　幅度:1Vpp

方波占空比:50%　　输出:开

2. A 路输出波形选择

A 路具有两种波形,在输出选择为 A 路时,可以按波形键选择"波形",然后使用按键 <、> 或转动旋钮来选择正弦波、方波或脉冲波。

3. 数据设定

(1)数字键输入

十个数字键用来向显示区写入数据。写入方式为由右至左顺序写入,超过十位后继续输入的数字将丢失。等到确认输入数据完全正确之后,按一次单位键(MHz/dBm 、kHz/Vrms 、Hz/s/Vpp 、mHz/ms/mVpp 、−/mVrms),这时数据开始生效,仪器将显示区的数据送入相应的存储区和执行部分,使仪器按照新的参数输出信号。

数据的输入可以使用小数点和单位键任意搭配,仪器都会按照相应的单位格式将数据显示出来。

例如输入 1.5 Hz、0.001 5 kHz 或 1 500 mHz,数据生效之后都会显示为1.500 000 00 Hz。

例如输入 3. 6 MHz、3 600 kHz 或 360 000 0 Hz,数据生效之后都会显示为 3.600 000 00 MHz。

虽然不同的物理量有不同的单位,频率用 Hz,幅度用 V,时间用 s,计数用个,相位用 (°),但在数据输入时,只要指数相同,都使用同一个单位键,即 MHz 键等于 10^6,kHz 键等于 10^3,Hz 键等于 10^0,mHz 键等于 10^{-3}。输入数据的末尾都必须用单位键作为结束,因为按键面积较小,单位"个""°""%""dB"没有标注,都使用"Hz"键作为结束。随着菜单选择为频率,电压和时间等不同功能,仪器会显示出相应的单位:MHz,kHz,Hz,V,mV,s,ms,dBm,%,°,dB 等。菜单选择为"波形""计数"时没有单位显示。

(2)旋钮输入

在实际应用中,有时需要对信号进行连续调节,这时可以使用数字旋钮输入方法。按下位移键 <、>,可以使数据显示中的发亮数字位左移或右移;顺时针转动旋钮,可使光标位数字连续加一,并能向高位进位;逆时针转动旋钮,可使光标位数字连续减一,并能向高位借位。使用旋钮输入数据时,数字改变后即刻生效,不用再按单位键。反亮数字位向左移动,可以对数据进行粗调,向右移动则可以进行细调。

旋钮输入可以在多种项目选择时使用,当不需要使用旋钮时,可以用位移键 <、> 取消光标数字位,旋钮的转动就不再有效。

（3）数据输入方式选择

对于已知的数据,使用数字键输入最为方便,而且不管数据变化多大都能一次到位,没有中间过渡性数据产生,这在一些应用中是非常必要的。对于已经输入的数据进行局部修改,或者需要输入连续变化的数据进行搜索观测时,使用旋钮最为方便。对于一系列等间隔数据的输入则使用步进键最为方便。

操作者可以根据不同的应用要求灵活地选用最合适的输入方式。

4.使用步骤

①选择"更多"➔选择波形。

②选择"频率"➔利用数字键或旋钮选定频率数值。

③选择所需单位。注意分清 MHz,kHz,Hz,mHz。

其他参数更改方式同"频率"。

D.3　SM2030 数字交流毫伏表

数英 SM2030 数字交流毫伏表面板如图 D－10 所示。

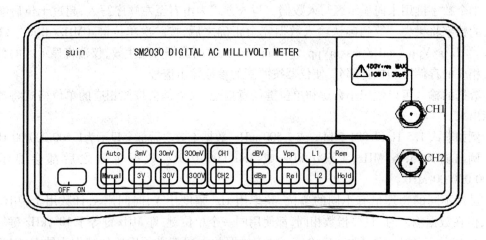

图 D－10　交流毫伏表面板

1.注意事项

（1）该毫伏表只能用于测量正弦信号,开机默认显示的是正弦信号的有效值。

（2）开机后,最好有 3 min 以上的预热时间。

2.按键功能

（1）[ON/OFF]键:电源开关。

（2）[Auto]键、[Manual]键:选择改变量程的方法,两键互锁。按下[Auto]键,切换到自动选择量程。在自动位置,当输入信号大于当前量程的 6.7%,自动加大量程;当输入信号小于当前量程的 9%,自动减小量程。按下[Manual]键切换到手动选择量程。使用手动[Manual]量程,当输入信号大于当前量程的 6.7%,显示 OVLD 应加大量程;当输入信号小于当前量程的 10%,必须减小量程。手动量程的测量速度比自动量程快。

（3）［3 mV］键 ~ ［300 V］键:手动量程时切换并显示量程,六键互锁。

（4）［CH1］键、［CH2］键:选择输入通道,两键互锁。按下［CH1］键选择 CH1 通道,按下［CH2］键选择 CH2 通道。

（5）［dBV］键 ~ ［Vpp］键:把测得的电压值用电压电平、功率电平和峰峰值表示,三键互锁,按下任何一个量程键退出。［dBV］键:电压电平键,0 dBV = 1 V。［dBm］键:功率电平键,0 dBm = 1 mW ,600 Ω。［Vpp］键:显示峰 – 峰值。

（6）［Rel］键:归零键。记录"当前值"然后显示值变为:测得值 – "当前值"。显示有效值、峰峰值时按归零键有效,再按一次退出。

（7）［L1］键、［L2］键:显示屏分为上、下两行,用［L1］、［L2］键选择其中的一行,可对被选中的行进行输入通道、量程、显示单位的设置,两键互锁。

（8）［Rem］键:进入程控,退出程控。

（9）［Hold］键:锁定读数。

（10）显示屏:VFD 显示屏。

（11）CH1:输入插座。

（12）CH2:输入插座。

D.4　模拟万用表

MF47 系列模拟万用表面板如图 D – 11 所示。

1. 注意事项

（1）在使用万用表过程中,不能用手去接触表笔的金属部分 ,这样一方面可以保证测量的准确,另一方面也可以保证人身安全。

（2）在测量某一电量时,不能在测量的同时换挡,尤其是在测量高电压或大电流时 ,更应注意。否则,会使万用表毁坏。如需换挡,应先断开表笔,换挡后再去测量。

（3）万用表在使用时,必须水平放置,以免造成误差。同时,还要避免外界磁场对万用表的影响。

（4）万用表使用完毕,应将转换开关置于交流电压的最大挡。如果长期不使用,还应将万用表内部的电池取出来,以免电池腐蚀表内其他器件。

2. 欧姆挡的使用

（1）选择合适的倍率。在欧姆表测量电阻时,应选适当的倍率,使指针指示在中值附近。最好不使用刻度左边三分之一的部分,这部分刻度密集很差。

（2）使用前要欧姆调零。

（3）不能带电测量。

（4）被测电阻不能有并联支路。

（5）测量晶体管、电解电容等有极性元件的等效电阻时,必须注意两支表笔的极性。

（6）用万用表不同倍率的欧姆挡测量非线性元件的等效电阻时,测出电阻值是不相同的。这是由于各挡位的中值电阻和满度电流各不相同所造成的,机械表中,一般倍率越小,测出的阻值越小。

图 D-11　MF47 系列模拟万用表面板

3. 万用表测直流

(1)选择合适的量程挡位。

(2)使用万用表电流挡测量电流时,应将万用表串联在被测电路中,因为只有串联才能使流过电流表的电流与被测支路电流相同。测量时,应断开被测支路,将万用表红、黑表笔串接在被断开的两点之间。特别应注意电流表不能并联接在被测电路中,这样做是很危险的,极易使万用表烧毁。

(3)注意被测电量极性。

(4)正确使用刻度和读数。特别是有些万用表有专门的一挡交流 10 V 刻度,千万不要跟直流 10 V 挡弄混。

4. 万用表测量电阻示例

(1)先断电。

(2)将转换开关打到欧姆挡"Ω",再选择合适的倍率挡。倍率挡的选择以使指针停留在刻度线 1/3 和 2/3 为宜。如果不知道具体的电阻值大小,应该选择最高挡,然后逐渐降低挡位。

(3)欧姆调零。将两表笔短接,同时转动"调零旋钮",使指针指在欧姆刻度线右边的零位。

(4)将两表笔放在待测电阻两端。

（5）读数。刻度线指示的值 × 倍率值 = 电阻值。

（6）特别要指出的是,在测量电阻时,不能用双手同时捏住电阻或测试笔,因为那样的话,人体电阻将会与被测电阻并联在一起,表头上指示的数值就不单纯是被测电阻的阻值了。

参 考 文 献

[1] 谢红.模拟电子技术基础[M].哈尔滨:哈尔滨工程大学出版社,2013.

[2] 孙肖子.现代电子线路和技术实验简明教程[M].北京:高等教育出版社,2009.

[3] 廉玉欣.电子技术基础实验教程[M].北京:机械工业出版社,2013.

[4] 谢自美.电子线路设计·实验·测试[M].武汉:华中理工大学出版社,2000.

[5] 陈大钦.电子技术基础实验[M].北京:高等教育出版社,2000.

[6] 高文焕.电子电路实验[M].北京:清华大学出版社,2008.

[7] 王立欣,杨春玲.电子技术实验与课程设计[M].哈尔滨:哈尔滨工业大学出版社,2009.

[8] 路勇.电子电路实验及仿真[M].北京:清华大学出版社,2004.

[9] 沈小丰,余琼蓉.电子线路实验——模拟电路实验[M].北京:清华大学出版社,2008.

[10] 高吉祥.电子技术基础实验与课程设计[M].北京:电子工业出版社,2005.

[11] 赵淑范,董彭中.电子技术实验与课程设计[M].北京:清华大学出版社,2010.

[12] 王静波.电子技术实验与课程设计指导[M].北京:电子工业出版社,2011.

[13] 陈光明.电子技术课程设计与综合实训[M].北京:北京航空航天大学出版社,2007.

[14] 杨志忠.电子技术课程设计[M].北京:机械工业出版社,2008.

[15] 全国大学生电子设计竞赛组委会.全国大学生电子设计竞赛获奖作品精选(1994～1999)[M].北京:北京理工大学出版社,2003.

[16] 李万臣.模拟电子技术基础实验教程[M].哈尔滨:哈尔滨工程大学出版社,2008.

[17] 曾浩.电子电路实验教程[M].北京:人民邮电出版社,2008.

[18] 黄智伟.基于 NI Multisim 的电子电路计算机仿真设计与分析[M].北京:电子工业出版社,2011.

[19] 黄智伟.全国大学生电子设计竞赛培训教程[M].北京:电子工业出版社,2010.

[20] 孔庆生.模拟与数字电路基础实验[M].上海:复旦大学出版社,2005.